航空服务类系列教材

职业形象与服务礼仪

（智媒体）

主编　杨菲　石静

西南交通大学出版社
·成　都·

图书在版编目（CIP）数据

职业形象与服务礼仪 / 杨菲，石静主编. 一成都：西南交通大学出版社，2021.9（2025.8 重印）
ISBN 978-7-5643-8252-0

Ⅰ. ①职… Ⅱ. ①杨… ②石… Ⅲ. ①个人－形象－设计－高等职业教育－教材②服务业－礼仪－高等职业教育－教材 Ⅳ. ①B834.3②F719

中国版本图书馆 CIP 数据核字（2021）第 183501 号

Zhiye Xingxiang yu Fuwu Liyi

职业形象与服务礼仪

主编　杨菲　石静

责任编辑　罗爱林
封面设计　原谋书装

出版发行　西南交通大学出版社
（四川省成都市金牛区二环路北一段 111 号
西南交通大学创新大厦 21 楼）
邮政编码　610031
发行部电话　028-87600564　028-87600533
网址　http://www.xnjdcbs.com
印刷　成都中永印务有限责任公司

成品尺寸　185 mm × 260 mm
印张　9.25
字数　231 千
版次　2021 年 9 月第 1 版
印次　2025 年 8 月第 2 次
定价　28.00 元
书号　ISBN 978-7-5643-8252-0

课件咨询电话：028-81435775
图书如有印装质量问题　本社负责退换
版权所有　盗版必究　举报电话：028-87600562

前　言

随着社会主义现代化建设的不断推进，我国的现代服务业也得到了飞速发展，对高端服务岗位人才的需求也在不断增加。同时，我国民航业也在快速、多样化的发展，不仅越来越多的民营、地方航空公司如雨后春笋般成立，国外许多航空公司也开辟了多条中国航线，高质量的航空服务已成为决定航空企业竞争力与经济效益的一个极其重要的因素。本书将服务礼仪中的关键要素融入服务类典型工作岗位中，使学生对职业形象和礼仪标准融会贯通，以提高对口职业岗位工作任务的胜任度。

“理实一体化”与“线上线下混合式”的多元信息化教学理念更适合目前的职业教育，本书紧密围绕真实的岗位工作任务设计教学单元，将理论知识与实操训练任务结合在一起，同时，运用新型信息化手段将案例视频资源和图片资源与教材结合，采取扫码即可见的方式更加完美地呈现教材内容，以辅助教师完成课程教学目标。另外，学生也可以随时随地利用手机和教材进行课前预习、课后复习，真正做到自我学习与课堂延伸。

本书主要包括 7 个教学任务：初识礼仪；职业形象塑造；妆容与仪态；服务礼仪；实用社交礼仪；实用商务礼仪；国际礼仪常识。每个教学任务均配有多个教学项目及实训任务。书中的知识技能要点以项目任务的形式呈现，结合实际、面向工作过程、拓展性地学习训练，让学生通过对自身职业形象的打造，以及对服务细节的美化，系统地掌握过硬的专业知识和技能，在生活中有意识地遵从礼仪标准，具备较高的礼仪应用水平，适应民航发展所需的航空服务相关岗位以及其他服务类岗位的标准，具备岗位所需的职业道德和职业素养。

本书在编写过程中，参考学习了专家学者的研究论著以及相关网站的资源，在此，谨向所有作者表示衷心的感谢。由于编者水平有限，加之时间仓促，书中可能存在遗漏和不妥之处，恳请各位读者和专家批评指正。

杨　菲
2021 年 7 月

目　录

项目一　初识礼仪

项目二　职业形象塑造

项目三　仪容与仪态

项目四　服务礼仪

项目五　实用社交礼仪

项目六　实用商务礼仪

项目七　国际礼仪常识

项目一

初识礼仪

项目导论

中华民族自古以来就以重“礼仪”著称，中华儿女也一直在言行举止上以礼仪为美德，而中国也素有“礼仪之邦”的美称。五千年的文化传承至今，深深铭刻在每个中国人的心中。

礼仪包含礼貌、礼节、仪式、仪表等多方面的内容。学习礼仪可以帮助我们提高自身的道德修养，更好地展现自身优雅的风度和良好的形象，从而建立起良好的人际关系，促进事业的发展。

学习目标

通过本项目的学习，学生应了解礼仪的起源及发展，掌握礼仪的含义及重要性，有较强的组织纪律性、责任心，日常言行符合礼仪要求，能够在平时的学习与生活中以正确的礼仪知识指导实践。

建议课时

序号	名称	总课时	理论课时	实践课时
1	礼仪的由来与发展	1	1	0
2	礼仪的概念与原则	1	1	0
3	大学校园礼仪	2	2	0

任务一　礼仪的由来与发展

我国一直以来都重视礼仪文化，从最初的重视祭祀礼仪，到封建帝王用礼仪来规范约束天下，划分等级，因而有“礼仪之邦”的美称。那么这个称号的由来又是怎样的呢?

一、礼仪的由来

在我国历史上，礼仪规范出现得较早。东汉许慎的《说文解字》就对“礼”字做出了解释：“履也，所以事神致福也，从示从豊，豊亦声。”意思是实践约定的事情，用来给神灵看，以求得赐福。“礼”字是会意字，“示”指神，从中可以分析出，“礼”字与古代祭祀神灵的仪式有关。

原始宗教的祭祀活动最早是以祭天、敬神为主要内容的“礼”。这些祭祀活动在历史发展中逐步完善了相应的规范和制度，正式形成祭祀礼仪。随着人类对自然与社会各种关系认识的逐步深入，仅以祭祀天地鬼神祖先为礼，已经不能满足人类日益发展的精神需要和调节日益复杂的现实关系。于是，人们将祭祀活动中的一系列行为，从内容和形式扩展到各种人际交往活动中，从最初的祭祀之礼扩展到社会各个领域，形成各种各样的礼仪。

二、礼仪的发展

礼仪在传承沿袭的过程中不断演变。从历史发展的角度来看，其演变过程可以分为五个阶段。

1. 礼仪的起源阶段

礼仪起源于原始社会，在原始社会中晚期出现了早期的礼仪萌芽。当时的礼仪较为简单和虔诚，还不具有阶级性。其内容包括：制定了明确血缘关系的婚嫁礼仪；区别部族内部尊卑等级的礼制；为祭天敬神而确定的一些祭奠仪式；制定一些在人们的相互交往中表示理解和恭敬的动作；等等。

2. 礼仪的发展阶段

礼仪的发展阶段是约公元前 21 世纪到公元前 771 年的夏、商、周时期。在这个阶段，中国第一次形成了比较完整的周家礼仪与制度。最早记载中国古代礼制的名典有三部：《周礼》《仪礼》《礼记》，统称“三礼”。“三礼”的主要内容大体反映了周代的礼仪制度，提出了许多极为重要的礼仪概念。

3. 礼仪的变革阶段

礼仪的变革阶段是约公元前 770 年到公元前 221 年的春秋战国时期。这一阶段是我国奴隶制度向封建制度转变的过渡时期，学术界百家争鸣，以孔子、孟子为代表的儒家学者系统地阐述了礼的起源和功能。孔子作为我国历史第一位礼仪学家，把“礼”作为治国安邦的基础。他主张“克己复礼”，并积极倡导人们做“文质彬彬”的君子。孟子也重视“礼”，并把仁、义、礼、智作为基本道德规范。他认为“辞让之心”和“恭敬之心”是礼的发端和核心。荀子则把礼看作做人的根本目的和最高理想，把识礼、循礼与否作为衡量人高低贵贱的尺度。从这些思想家的言论中我们可以看出，礼仪是为适应调节人际关系的需要而发展的。

4. 礼仪的强化阶段

礼仪的强化阶段是约公元前 220 年的秦朝时期到公元 1911 年的清末。封建社会的礼仪习俗有了新的变化，发展成为与皇家政治息息相关的礼仪制度和社会交往中应遵守的行为规范两部分。汉代时，董仲舒提出“三纲五常”学说。宋朝时期，礼仪的发展有两个特点：一是程朱理学的出现；二是礼仪向家庭迅速扩展。到了明朝，理论上礼仪虽然没有发展，但是名目增多，礼仪形式也更加完善。例如：礼仪的名目有忠、贞、节、烈、孝，此外君臣之礼、尊卑之礼、交友之礼也更加明确。

5. 现代礼仪阶段

随着清王朝的土崩瓦解，孙中山等进步人士破旧立新，用民权代替君权，用自由、平等取代宗法等级制，普及教育，废除祭孔读经，改易陋俗，剪辫子、禁缠足等，从而正式拉开现代礼仪的帷幕。1949 年新中国成立之后，摒弃了昔日束缚人们的“神权天命”“愚忠愚孝”以及严重束缚妇女的“三从四德”等封建礼教，确立了同志式的合作互助关系和男女平等的新型社会关系，而尊老爱幼、讲究信义、以诚待人、先人后己、礼尚往来等中国传统礼仪中的精华，则得到继承和发扬。

现今，中国的礼仪建设已经进入新的全面复兴时期。从推行文明礼貌用语到积极树立行业新风，从开展“18 岁成人仪式教育活动”到制定市民文明公约，各行各业的礼仪规范纷纷出台，岗位培训、礼仪教育日趋红火，讲文明、重礼貌蔚然成风。《公共关系报》《现代交际》等一批涉及礼仪的报刊应运而出，《中国应用礼仪大全》《称谓大辞典》《外国习俗与礼仪》等介绍、研究礼仪的图书、辞典、教材不断问世。广阔的中华大地再度兴起礼仪文化热，掀起了精神文明建设新高潮。

思考与练习

1. 分享一个让你记忆深刻的礼仪小故事。
2. 你如何看待礼仪在现代社会中的重要性？

任务二　礼仪的概念与原则

一、礼仪的概念

礼是指人们在社会活动中约定俗成的一种共同崇尚的规范形式。“礼者敬人也”，在人际交往中，既要尊重别人，更要尊重自己。

仪是恰到好处地向别人表示尊重的形式，包括仪容、仪表、仪态。

礼仪是社交场合人际交往中的行为规范。礼仪的内涵是人类为维系文明社会正常生活而要求人们共同遵守的最起码的道德规范。它是人内在的文化、艺术、道德、思想素质的外在表现形式。

二、学习礼仪的意义

随着我国改革开放的不断深入，人与人之间、群体与群体之间以及世界各国之间的交往越来越频繁，人们社会活动的范围、规模都在日益扩大，使社会礼仪得到了不断的充实和发展，应用也越来越普遍。

礼仪不仅是个人素质、风度、气质的表现，也是每个社会组织、群体的形象和文明程度的显现，更是一个民族综合素质和国家综合实力的展示。学好礼仪无论对于个人还是群体抑或是民族和国家的发展，都有着重要的意义。

【小故事】想赊账的无奈

1. 促进理想人格的完善

人格的形成和发展主要指人格结构的形成及建构。人格结构既包括行为模式的表层结构，也包括对社会环境的倾向性、心理特征、自我意识等深层结构。礼仪正是通过人的行为模式的外界层面，在社会生活中展示自己，以感性的、外观的、在不同境况下的行为模式来表现自己独特的人格特征。人们正是根据一个人的外在的礼仪行为来评价、判定他的人格，也正是在外在的社会舆论评价中，督促人们重视礼仪，践行礼仪，以规范自己的行为模式，从而形成个体人格完善的外在约束力量。

2. 构建良好的人际关系

良好的人际关系是个人全面发展和事业成功的必备条件。礼仪以它的文明内涵在人们的交往中起着协调作用，促进良好的人际关系的形成和完善。人们在交往之初，由于双方之间不是十分了解，必然令彼此产生一些戒备心理或距离感。此刻如果交往双方都能做到施之以礼，以尊重、平等、真诚、守信的文明精神和行为，给对方以人格的尊重，必然会赢得对方的好感和信任，消除彼此的心理隔阂，拉近双方的情感距离，为进一步交往建立良好开端。因此，社会礼仪是人际关系的“纽带”和“调节器”，使人与人、集体与集体、个人与集体之间建立起互相理解、信任、友爱、互助的良好气氛和融洽、和谐的人际关系。

3. 塑造高雅的公众形象

形象主要是一个人的外观、形体，是在社会交往中众人心目中形成的综合性、系统性的印象，它是影响交往顺利进行和成功的重要因素。

三、礼仪的原则

礼仪在形成发展的过程中，形成了许多共同遵守的原则。

1. 真诚尊重的原则

苏格拉底曾言："不要靠馈赠来获得一个朋友，你须贡献你诚挚的爱，学习怎样用正当的方法来赢得一个人的心。"可见在与人交往时，真诚尊重是礼仪的首要原则，只有真诚待人才是尊重他人，只有真诚尊重，方能创造和谐愉快的人际关系，真诚和尊重是相辅相成的。

真诚是对人对事的一种实事求是的态度，是待人真心实意的友善表现，真诚和尊重首先表现为对人不说谎、不虚伪、不骗人、不侮辱人；其次表现为对他人的正确认识，相信他人、尊重他人，所谓"心底无私天地宽"，真诚的奉献，才有丰硕的收获。只有真诚尊重方能使双方友谊地久天长。要表现你的真诚和尊重，在社交场合，切记三点：给他人充分表现的机会，对他人表现出你最大的热情，给对方永远留有余地。

2. 平等适度的原则

在社交场合，礼仪行为总是表现为双方的：你给对方施礼，自然对方也会相应地还礼于你。这种礼仪施行必须讲究平等的原则，平等是人与人交往时建立情感的基础，是保持良好的人际关系的诀窍。在交往中，平等表现为不骄狂，不我行我素，不自以为是，不厚此薄彼，不傲视一切、目空无人，更不能以貌取人，或以职业、地位、权势压人，而是应该处处时时平等谦虚待人，唯有此，才能结交更多的朋友。

适度原则即交往应把握礼仪分寸，根据具体情况、具体情境而行使相应的礼仪。如：在与人交往时，既要彬彬有礼，又不能低三下四；既要热情大方，又不能轻浮谄谀；要自尊却不能自负；要坦诚但不能粗鲁；要信人但不能轻信；要活泼但不能轻浮；要谦虚但不能拘谨；要老练持重，但不能圆滑世故。

3. 自信自律的原则

自信的原则是社交场合中一个心理健康的原则。唯有对自己充满信心，才能得心应手。自信是社交场合中一份很可贵的心理素质。一个有充分自信心的人，才能在交往中不卑不亢、落落大方，遇到强者不自惭，遇到艰难不气馁，遇到侮辱敢于挺身反击，遇到弱者会伸出援助之手；一个缺乏自信的人，会处处碰壁，甚至落花流水。自信但不能自负，自以为了不起、过于自信的人，往往易走向自负的极端，凡事自以为是，不尊重他人，甚至强人所难。

自律乃自我约束的原则。在社会交往过程中，在心中树立起一种内心的道德信念和行为修养准则，以此来约束自己的行为，严以律己，实现自我教育，自我管理，摆正自信的天平，既不必前怕虎后怕狼的缺乏信心，又不凡事自以为是而自负高傲。

4. 信用宽容的原则

信用的原则即讲究信誉的原则。孔子曾有言"民无信不立，与朋友交，言而有信"，强调的正是守信用的原则。守信是中华民族的传统美德，在社交场合，尤其讲究：一是要守时，与人约定时间的约会、会见、会谈、会议等，绝不拖延迟到；二是要守约，即与人签订的协议、约定和口头答应他人的事一定要说到做到，所谓言必信，行必果。因而在社交场合，如没有十分的把握就不要轻易许诺他人。许诺如做不到，反落了个不守信的恶名，从此会永远失信于人。

宽容的原则即与人为善的原则。在社交场合，宽容是一种较高的境界，《大英百科全书》对“宽容”下了这样的定义：“宽容即容许别人有行动和判断的自由，对不同于自己或传统观点的见解的耐心公正的容忍。”宽容是人类的一种伟大思想，在人际交往中，宽容的思想是创造和谐人际关系的法宝。宽容他人、理解他人、体谅他人，不求全责备、斤斤计较，甚至咄咄逼人。总而言之，要站在对方的立场去考虑问题。

思考与练习

1. 学好礼仪对自己有什么好处？
2. 如何才能学好礼仪？

任务三　大学校园礼仪

学校是教书育人的专门场所，校园礼仪教育是德育、美育的重要内容。学生是学校工作的主体，因此，学生应具有的礼仪常识是学校礼仪教育的重要内容。学生在课堂上，在活动中，在与教师和同学相处过程中都要遵守一定的礼仪。

一、学生的仪表礼仪

（1）整洁：对仪表进行修饰，穿着合体、适时、整洁、大方，讲究场合，有制服的学生上课时要穿制服。

（2）自然：不穿奇装异服和过分紧小暴露的衣服。仪表要自然，不自然会有矫揉造作之意。

（3）卫生：清洁卫生是仪容美的关键，是礼仪的基本要求。每个人都应该养成良好的卫生习惯，勤洗手，勤洗澡，勤洗头，勤刷牙，勤更衣。

二、课堂礼仪

遵守课堂纪律是学生最基本的礼貌。

按要求提前十分钟进教室，准备好课堂用品。上课不迟到、不早退，自觉关闭通信工具，学生若因事上课迟到，应在教室门口喊“报告”，得到老师允许后方可进入教室。进入教室后，应迅速坐好，尽量减少对课堂秩序的干扰。上课要互相问候，上课开始时，老师说“上课”后，班长叫“起立”，全体学生应起立致敬叫“老师好”，老师微微鞠躬致意回应“同学们好”，并示意后学生方能坐下。

学生在课堂上准备提问或回答问题时应先举手，得到老师的允可后方站起来回答。回答问题时要讲普通话，声音明朗洪亮，其他同学应保持安静，仔细聆听，问题回答完毕，老师示意后方可坐下。与老师意见不符的，不得与老师发生争执，要虚心听取老师的讲解，共同探讨问题。

对教学过程中所用的仪器、设备和公共财物，要珍惜爱护，做到不在课桌椅及墙壁上乱涂乱画，不私自拆卸、损坏或取走教室、实验室内的任何设备。自觉维护教室内的卫生清洁，不在教室内吸烟、吃食品、乱扔杂物、随地吐痰。课前值日生要认真清扫，擦净黑板，课后要清理课桌抽屉和教室内外的卫生，离开教室应关灯、关扇、锁门。

不旷课，认真学习专业知识。晚自习时，学生不得在教室或附近走廊高声谈话、唱歌。

三、会场与图书馆礼仪

参加会议、听报告要按规定的时间提前到达，按指定地点整齐就座，保持安静，会议中途不早退，不随意进出，当报告人（或宾客）到来时应报以热烈掌声；会议结束后应让嘉宾（领导）先退场，并起立致以掌声欢送，然后有序退场。在报告过程中，应关闭通信工具，端坐静听，并做好会议记录，不交头接耳，不窃窃私语，不打瞌睡。不在会场吸烟、吃东西，不乱丢废弃物。

进图书馆要讲文明礼貌，衣装整齐，不穿拖鞋、背心、超短裤（裙）入馆。自觉维护图书馆的学习秩序，保持安静，不大声喧哗，不接听拨打手机，并将通信工具和其他电子产品调成振动，不做与学习无关的事。维护图书馆的清洁卫生，不在图书馆内吃食品，不随意吐痰和乱扔杂物。对于图书馆的书籍、报纸、杂志，阅读后应及时归位，不得随意带走图书馆不外借的书籍，不在图书、资料、报纸杂志上乱画、乱写，不随意折叠。尊重图书馆工作人员的劳动与服务，服从管理人员的提议与管理。

四、食堂礼仪

（1）节约粮食，文明就餐。
（2）维护食堂秩序，排队买饭（菜）互相谦让。
（3）维护食堂卫生，不随地吐痰，不乱扔杂物。
（4）尊重食堂工作人员的劳动，不与工作人员争吵。
（5）拾到他人的饭卡，应及时归还到饭卡缴费处，不得随意挥霍他人钱财。

五、宿舍礼仪

（1）保持宿舍内整洁，将日常用品放在指定位置。
（2）不准往窗外或楼下倒水、扔杂物。
（3）按时就寝，不大声喧哗，不进行影响他人休息的活动。
（4）室友之间和睦相处，互相关照、帮助。
（5）按时归宿，注意防火、防盗、防诈骗。
（6）来宾进入宿舍，应主动起立问好，热情大方地接受来宾的询问。

六、校园网络礼仪

（1）倡导网络文明，不传谣、不信谣。

（2）不在网络上侮辱他人，不盗用他人网络账号。
（3）增强自我保护意识，不随意会网友。
（4）不传播不良信息，不传播网络病毒等破坏程序的不健康信息源。
（5）不沉迷网络。

七、学生与他人相处的礼仪

1. 尊师礼仪

学生在校园内进出或上下楼梯与老师相遇时，应主动向老师行礼问好，虚心听取老师的教诲，服从老师的指导与管理。学生进入老师的办公室时，应先敲门，经老师允许后方可进入。在老师的工作、生活场所，不能随便翻动老师的物品。与老师交谈时要起立，并主动给老师让座。

2. 同学间的礼仪

同学间可彼此直呼其名，但不能用“喂”“哎”等不礼貌用语。对学习上暂时落后的同学，不应嘲笑、冷笑、歧视，而应该给予热情的帮助。对同学的相貌、体态、衣着不评头论足，也不给同学起带侮辱性的绰号，更不要嘲笑同学的生理缺陷。男女交往得体，在公共场所不勾肩搭背，不当众亲吻，注意公共影响。

礼仪修养是现代人必备的基本素质，礼仪作为人们内在修养的外在表现，直接影响人们的交际、生活和事业，影响集体、国家、民族的形象。所以，学生应从自身做起，在大学校园里督促自己学好礼仪，为踏入社会做好充足的准备。

思考与练习

1. 请根据自己的理解写下礼仪在生活中的体现。
2. 善于观察，利用所学知识，在大学校园中找出10个你认为不符合大学生文明礼仪的行为，并记录下来。

项目一课后作业

项目二

职业形象塑造

项目导论

莎士比亚曾经说过："如果我们沉默不语，我们的衣裳与体态也会泄漏我们过去的经历。"形象是一个人容貌、表情、衣着、声音、仪态、态度、性格等给别人留下的一个总体的印象。无论我们认为从外表衡量人是多么肤浅的观念，但社会上总有一些人会根据你的服饰、发型、手势、声调、语言等自我表达方式来评价你。

个人形象可以真实地体现个人教养和品味，客观地反映了个人精神风貌和生活态度，还如实地展现了个人对待交往对象的重视程度，更代表着其所在公司的整体形象。

学习目标

通过学习，学生应了解男女着装的基本穿搭要求、空服人员制服的规范要求；掌握仪容修饰及发型打造的基本要求、内容及技巧；能够根据着装的基本要求规范穿衣、能够正确地穿搭制服、男士能够正确地穿西装、女士能正确地穿套裙；能够按照仪容要求做好头发、手部、口腔、面部的清洁和保养；能够熟练地为自己化生活妆以及职业妆容、操作盘发；形成规范、正确着装的意识和习惯；具有良好的卫生意识和卫生习惯。

建议课时

序号	名称	总课时	理论课时	实践课时
1	着装的基本原则与礼仪	1	1	0
2	乘务员的职业着装要求	1	1	0
3	皮肤的日常护理与保养	2	2	0
4	空乘职业妆容打造	4	2	2
5	空乘职业发型打造	2	1	1
6	空乘职业形象塑造实训任务	4	0	4

任务一　着装的基本原则与礼仪

着装是一种无声的语言，能展现一个人的个性、身份、教养、经济状况、审美水平及心理状态。服务行业从业人员的服装和配饰应得体规范，这既可以表现出对服务对象的尊重，展现服务人员良好的素质和修养，又能展现企业良好的精神风貌和管理水平。本任务的重点是着装穿搭原则与礼仪。服务行业着装礼仪主要是从业人员的着装规范，为此，需要学习三个方面的内容：着装的基本要求、男士西装的穿着规范、女士西装套裙的穿着规范。

【小知识】

首轮效应：又称首次效应、优先效应或第一印象效应，指交往双方形成的第一印象对今后交往关系的影响，也即是“先入为主”带来的效应。虽然第一印象并非总是正确的，却是最鲜明、最牢固的，并且决定着以后双方交往的进程。如果一个人在初次见面时给人留下良好的印象，那么人们就愿意和他接近，彼此也能较快地相互了解，并影响人们对他以后一系列行为和表现的解释。反之，对于一个初次见面就引起对方反感的人，即使由于各种原因难以避免与之接触，人们也会对之很冷淡，在极端的情况下，甚至会在心理上和实际行为中与之产生对抗状态。

晕轮效应：又称成见效应、光圈效应等，指人们在交往认知中，对方某个特别突出的特点、品质会掩盖人们对对方的其他品质和特点的正确了解。人们对他人的认知和判断往往只从局部出发、扩散而得出整体印象，也即常常以偏概全。一个人如果被标明是好的，则就会被一种积极肯定的光环笼罩，并被赋予一切都好的品质；如果一个人被标明是坏的，则就会被一种消极否定的光环所笼罩，并被认为具有某种坏品质。这就是我们在大多数时候观察人时都是从局部出发，由局部扩散而得出整体印象，即常常以点概面。

末轮效应：在人际交往之中，人们留给交往对象的最后印象，通常也是非常重要的。在许多情况下，它往往是单位或个人留给交往对象的整体印象的重要组成部分。有时，它甚至直接决定该单位或个人的整体形象是否完美，以及完美的整体形象能否继续维持。

一、着装的基本原则

（一）整洁原则

一般情况下，仪表修饰无须一味追求高档时髦，但须以整洁、端庄的服饰示人。尤其在商务场合，要求人们着装整齐洁净，不穿有破损、有补丁、有褶皱、有污渍、有油渍或汗臭等异味的服装。

（二）文雅原则

商务场合的仪表应该凸显文雅、稳健的风度。着装应文明、大方，忌穿着过于暴露的服装，袒胸露背、暴露大腿、赤足、无袖露出腋窝或能透视出内衣的服装都是不雅的；过短的服装，如短裤、背心、超短裙、露脐装等也不应穿着。文雅原则还要求着装不能单纯为了追求线条而选择过于紧身或性感的服装。

（三）得体原则

仪表修饰应该与商务人员自身的性别、年龄、个性、气质等因素相匹配，还要与个人的职业、身份等社会因素相匹配。整体协调、得体的仪表能够提升个人的形象。不顾及自身因素的修饰，不顾及身份、职业的装扮，在社会交往中都会给人留下不好的印象。

【小故事】乔恩莫利先生的实验

（四）个性原则

仪表的修饰要讲求艺术性，既能起到修饰自身的效果，又能突出自身的个性特征。因此仪表的修饰不能千篇一律或呆板毫无特色，应在选择修饰手段上，如造型、色彩、质地等方面更加贴近自己的体型、肤色和气质，掩饰缺陷，突出优势，体现个性。

（五）TPO 原则

TPO 原则最早由日本男装协会提出，指仪表修饰应因时间、地点、场合的变化而做出相应的调整。（见图 2-1）其中，T（time）代表时间，指服饰要顺应季节和时代特点；P（place）代表地点，指应根据不同国家、不同民族服饰特色的变化选择不同的修饰手段，表示尊重对方的思想感情，以便于结交朋友，增进友谊；O（occasion）代表场合，主要指日常生活与社会交往中的各类场所，大体分为商务、社交和休闲 3 大类不同的场合，应在不同的场合选择不同的着装，如商务场合应穿着大方、端庄、规范，以制服、西装、中山装、套装连衣裙为宜。

图 2-1　TPO 原则

（六）颜色原则

在全身颜色搭配方面，突出个性的同时还需要注意遵循“三色原则”，即全身上下衣服的颜色不超过 3 种，以及“三一定律”，男士的鞋子、腰带、公文包颜色要一致。

二、着装修饰礼仪

从礼仪的角度看，服装不能简单地等同于衣服，它是着装人基于自身的阅历修养、审美情趣、身材特点，根据不同的时间、场合、目的，力所能及地对所穿的衣服进行精心的选择、搭配和组合，使之符合礼仪规范的要求。

在正式场合，我们要按规定着装，如在重大的宴会、庆典、会见，尤其是涉外活动中，组织者所发请柬上有时专门注明着装要求，参加者就应按规定着装。同时，着装要符合正式场合的着装礼仪规范，以符合活动的性质。

（一）男士正装

常见的男士正装主要包括中式礼服和西装。现代中式礼服以中山装为代表，可在各种礼仪活动中穿着。（见图 2-2）一般来说，中山装以深色毛料材质制成，穿着时应将前门襟、风纪扣、口袋扣全部扣好，且口袋内不放置任何杂物。穿中山装时要保持服装的挺括、平整，配以光亮的黑色皮鞋。

西装是男性服务人员最常见、最得体的正装。（见图 2-3）挑选西装时，必须首要考虑其款式、面料和颜色。在面料方面需要挺括、抗皱，首选毛料。在色彩方面，东方男性首选藏蓝色，其次选灰色或者棕色。

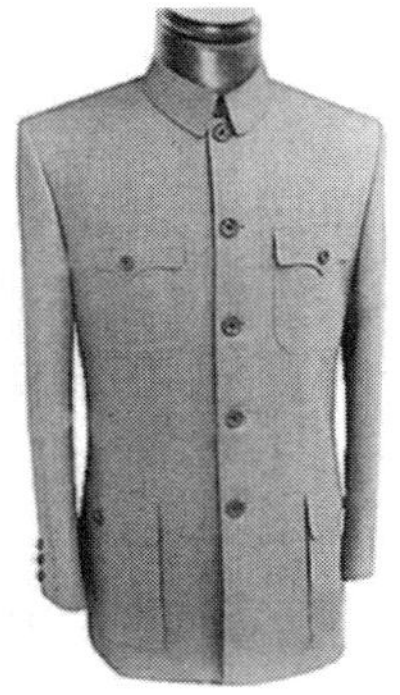

图 2-2　中山装样式

图 2-3　西装样式

1. 西装的款式

西装的款式分欧式、英式、美式、日式版型，要根据身材选择合适的版型。

（1）欧式版型西装。欧式西装流行于欧洲大陆，如意大利、法国。基本轮廓是倒梯形，肩宽、收腰、双排扣，适合高大魁梧的身材。

（2）英式版型西装。英式西装是欧式版型的变种，基本轮廓也是倒梯形、单排扣，衣领狭长，三粒扣居多。

（3）美式西装。美式西装休闲风格、单件居多，基本轮廓为“O”形，宽衣大裤，舒适随意，很适合休闲场合穿着。

（4）日式西装。日式西装的基本轮廓为“H”形，单排扣居多，衣后不开衩，很适合亚洲人穿着。

【小知识】

穿着西装的注意事项

1. 要拆除商标。拆除商标保持西装外形的平整洁净，若商标没有拆除会让人笑话。

2. 正确系好纽扣。站立时，单排两粒扣西装，扣子全部不扣表示随意、轻松；扣上面一粒表示郑重；全扣表示无知。单排三粒扣西装，扣子全部不扣表示随意、轻松；只扣中间表示郑重；扣上面两粒，表示郑重；全扣表示无知。双排扣西装可全部扣，也可只扣上面一粒，表示轻松、时尚，但不可不扣。就座时，要顺势解开纽扣，以防其走样、变形。起身站立时，西装上衣纽扣则应当重新系上，以示郑重其事。

3. 西装口袋少装东西。西装口袋的装饰作用大于实用价值，所以尽量不要装物品，避免西装整体走样。上衣左侧的外胸袋只可以插入装饰用的丝质手帕，不应该再放任何东西。钢笔、名片夹可放置于西装内侧的胸袋。

2. 西装配饰的选择

（1）衬衫。衬衫必须是长袖，白色为首选，蓝色、灰色、棕色、黑色也可考虑，要求色彩单一，不带图案。面料以高级精纺纯棉、纯毛为主。衬衫的领子必须是硬质的，领口的大小以合领后可以轻松插进一食指为标准。衬衫袖子的长度应比西服袖子长 1~2 厘米。衬衫的下摆要掖在裤子里。

（2）领带。领带是西装的灵魂。真丝或羊毛制作的领带是最好的。领带的颜色应尽量避免浅色或鲜艳的颜色，宜使用灰色、蓝色、黑色、棕色、紫红等。

图案的选择：圆点给人亲切感，方格活跃大方，条纹尽显睿智。

如果是重要场合，领带的宽度建议根据西服领子的宽度来进行挑选，这样最不易出错。常用的领带宽度一般多为 8~9 cm，适用于各种场合，且不易出错。如果是一些时尚场合，西装的剪裁也偏向年轻化，这时可以搭配窄版的领带，时尚气息也会更重一些，也会显得更有活力。

领带长度的要求：应以领带底端长度刚好盖过皮带扣为准。同时，领带前面的宽头也一定要把后边的细头遮住并固定好，否则会显得不够优雅。（见图 2-4）

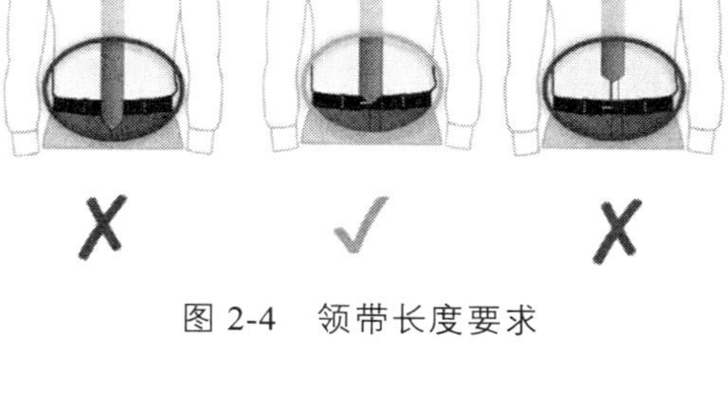

图 2-4　领带长度要求

（3）鞋袜。鞋袜是足部的正装，若不按礼仪规范穿着，会令自己“足下无光”。黑色系带牛皮鞋是最正式的正装鞋。袜子宜选择长腰、深色纯棉、纯毛制品，最好不带图案。袜子的颜色与鞋的颜色要搭配。赤脚穿皮鞋，穿短袜、船袜都是失礼之举。着正式西服时应穿深色（如黑色）的袜子，最好选择长及小腿肚的中长袜。

（4）公文包。公文包是男士的“移动办公设备”，面料以真皮为宜，牛皮、羊皮为最佳，颜色以黑色、棕色为首选。无用之物不要放在包里，不要装过多物品以致公文包变形。注意公文包、皮鞋、腰带颜色要一致。

（5）手表。男士手表应外形简单、高贵，避免花哨、繁杂的款式。金色、银色、黑色是最佳选择。

（6）腰带。以皮质腰带为最佳，颜色选择深色为宜，如黑色、深咖色。腰带扣样式尽量简洁不夸张，避免佩戴品牌标志的腰带扣。

（二）女士正装

女士正装可分为职业正装与礼服两类，应根据不同场合，选择不同的正装。在日常工作或商务往来中，应以职业正装为主要服装；若参加隆重的宴会、典礼或其他正式的仪式活动，女士应穿着得体的礼服出席。

1. 职业正装

女士最典型的职业装是裙装或西式套装。裙装即套裙，由上衣和下裙组成，上衣是西装，下裙是西式裙子（见图 2-5）。西式套装的上衣是西装，下装是西式裤子（见图 2-6）。与男士西服相比，女士西服在面料、款式和颜色等方面的选择都较多。面料方面首选毛织品，款式方面则以套裙为主，即西服上衣和裙子是成套的。西服的颜色方面应以冷色调为主，灰色、黑色、淡蓝、棕色均可。在正式商务场合，应尽量避免穿浅黄、粉红、浅绿或橘红色等鲜艳颜色的套装，以免有失庄重。

图 2-5　女士裙装

图 2-6　女士裤装

（1）衬衫的穿着。正装衬衫可以是多种多样的，但要注意与套装相配。面料上丝绸衬衣是首选，纯棉衬衣也可以，但要熨烫平整。衬衣领既可以是自带花边修饰的，也可以是普通衬衣领。如果是普通衬衣领，最好打领花或丝巾。衬衫袖子的长度与男士正装的要求相同，领口及袖口以露出一层为宜。

（2）套裙的穿着。穿西服套裙须将上衣的扣子全部扣好，尤其在正式场合更要注意，即便再忙、再热，也不允许敞开，不允许当着他人的面将上衣脱下来。这样会让人感觉不礼貌，也影响自己的形象。

西服套裙的裙子既不能过长，也不能过短，合适的长度是落座后，裙边在膝上 10 厘米左右。穿着西服套裙，特别是在穿薄型面料或浅色面料的西服套裙时，一定要注意内穿一条衬裙，否则会有失优雅。

西服套裙穿着时应配以长筒丝袜或连裤袜。丝袜颜色以肉色、黑色为主，以肉色长筒丝袜最为得体，忌穿带图案的袜子。袜子大小要合适，太大会往下滑。尤其要注意，女士不能在公众场合整理自己的长筒袜，而且袜口不能露在裙摆外边。另外，还应随身携带一双备用的透明丝袜，以防袜子拉丝或跳丝。

女士穿套裙时应配以正装皮鞋，鞋跟不要太高，以 3~4 厘米为好。正式场合不应穿凉鞋、后跟用带系住或露脚趾的鞋。皮鞋的颜色应与衣服下摆一致或再深一些。衣服从下摆到鞋的颜色一致，可以使人显得高一些。一般来讲，皮鞋的颜色以黑色、藏青色、暗红色、灰色或灰褐色为佳，不宜穿过于鲜艳的鞋。

2. 礼服

女士出席正式场合时应着礼服（见图 2-7）。在我国，传统礼服还包括旗袍（见图 2-8）。

礼服通常适用于晚间举行的正式社交活动，一般是同一色系拖地式或不拖地的贴身连衣长裙。礼服上一般有局部露出的设计，如露背、露胸、露肩等，通常以各种精致的头饰、耳环、项链等首饰进行装饰，以薄绸缎一类的柔滑而富有光泽的面料为主，并且具有较强的垂感，突出华丽、高贵与飘逸之感。配套的手套、小提包等配饰也应力求华丽精致。

图 2-7　礼服

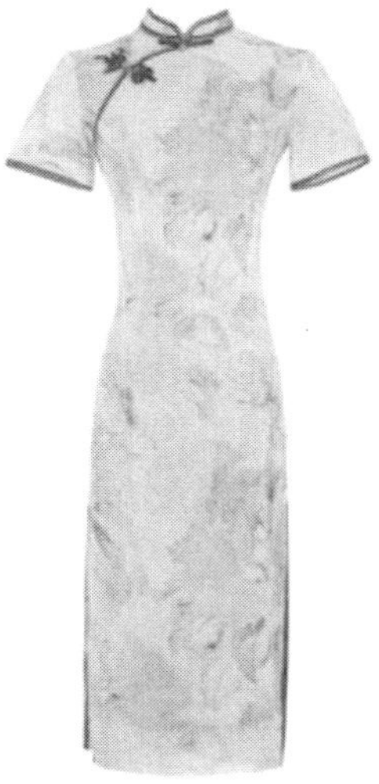

图 2-8　旗袍

在我国，正式社交场合的礼服是旗袍。夏季，旗袍可用棉布、丝绸、麻纱等做面料，秋冬季可采用锦丝绒、五彩缎制作。穿旗袍时，鞋子、饰物要配套，应当戴金、银、珍珠、玛瑙等精致的项链、耳坠、胸花等，宜穿与旗袍颜色相同或相近的高跟或半高跟皮鞋。大衣、短小西装、开襟小毛衣和各种方形毛披肩可与旗袍配套穿着。

对于半正式的酒会，可以穿着职业装或常礼服，搭配较鲜艳、明亮的饰品如耳环、项链、围巾等，或搭配一件色彩鲜艳而面料较华贵的外套或披风；参加正式的酒会应选择衣料考究的小礼服、大礼服或旗袍，材质应尽量选择有垂感的丝绸、缎子或针织物等，不宜为厚重的羊毛或涤纶织物。对于特别正式的宴会，女士还应该佩戴长手套。酒会礼服应该搭配高跟鞋，鞋子颜色可以鲜艳、闪亮，款式也可以更多样。

需要注意的是，女士在出席正式宴会、仪式时如有一同随行的男伴，在礼服的颜色、款式选择上还应注意同男伴的衣着相得益彰，不可相差过大，避免给人不和谐的感觉。

三、饰物修饰礼仪

饰物是用来对服装进行辅助搭配、起装饰效果的物品，是仪表修饰的一个重要组成部分。合理的饰物修饰，能够烘托和美化个人形象，甚至起到画龙点睛的作用。饰物在商务交往中发挥着重要的交际功能，可以表现出地位、身份，也可作为无声的语言来传达自身的知识、教养、阅历和审美品位。

在仪表修饰的礼仪中，饰物通常指首饰与衣饰两种。首饰是指佩戴在身体上的各种饰物，如头饰、耳环、项链、手镯、戒指等。衣饰是指作为服装组成部分或佩戴于服装之上的饰物，如帽子、围巾、胸饰等。

（一）饰物搭配原则

饰物的搭配对仪表修饰有辅助与提升的作用，但在搭配饰物时，过分装饰、滥用饰物都是不可取的，应遵循以下原则。

1. 适度原则

佩戴饰物时数量不可过多，应以适度为原则。按照惯例，饰物的佩戴数量不可超过 3 件，力求达到既不为人所察觉，又能起到锦上添花的效果。

2. 适体原则

饰物的选择要能够突出自身的优势、掩盖劣势，这是一种实用美学。切忌不顾自身条件，随心所欲地任意佩戴。例如颈部短而粗的人如果佩戴了紧贴颈部的项链，在视觉上就不会产生美感。圆脸型的人应佩戴有拉伸效果的长耳环及“V”字形项链，以起到调整脸型的作用。

3. 适情原则

饰物的搭配还要考虑具体的情况与场合。隆重的、正式的场合应以贵重高档的珠宝等饰物为主，一般商务场合则适合选用价格不高但端庄大方的饰物，非正式场合可选用一些稍夸张、随意的饰物来突出自身个性。

此外，饰物的选择应与自身的年龄、性别、气质和身份相协调，避免给人轻浮或过于老成的印象。另外，根据季节来调整饰物也是非常有必要的。一般来说，寒冷的季节首选金色、深色的饰物，而温暖的季节则可选择银色、彩色的饰物。

4. 适习原则

要根据所处地点以及交往对象的风俗、习惯来选择饰物。饰物在佩戴与使用前应尽量深入了解其不同使用方式的含义。例如在西方国家，女性不宜佩戴十字架；在阿拉伯国家，女士无论是在家还是外出会客都应佩戴面纱，并且不可露出除双眼外的其他身体部分；一些地区或国家，除了丧礼外的正式场合中，女性身着纯黑色服装是不合礼仪的。

（二）饰物的搭配规范

1. 首饰的搭配礼仪

首饰的搭配主要是指戒指、项链、耳饰、手镯与手链等的佩戴。

（1）戒指。

戒指不仅仅是女性的专属，男性也可以佩戴。戒指一般戴在左手，以一枚为佳，最好不要超过两枚。不同的手指佩戴戒指所代表的含义不同，戴在中指与无名指，分别代表热恋与已婚；戒指戴在其他手指也有其自身含义。但在商务场合中，除中指和无名指外，尽量不佩戴在其他手指上。

戒指的材质以金银及镶嵌珠宝为主，一般来说，商务场合中尽量不佩戴造型过于夸张的戒指。

（2）项链。

项链按其质地、价值和审美效果而言，较多使用高雅名贵的珍珠、富贵华丽的金银以及柔美的玛瑙等，也可使用其他朴实的材质如木质、贝质或其他金属制成的项链。

一般情况下，项链的佩戴以一条为宜，或由一条长链折成数圈佩戴。通常，男士不佩戴项链，如果要佩戴，也不应外露。

选择项链时应尽可能全面考虑自身的体型、脸型、脖子的长度与粗细，同时在颜色和款式的选择上应与所穿着的服装相搭配。佩戴项链坠时，应考虑项链坠的造型、图案是否适合正式场合佩戴，并考虑所出席场合的风俗。

（3）耳饰。

耳饰又分为耳环、耳钉、耳坠等。其形状各异，大小不一，颜色、材质也多种多样。一般来说，耳饰主要为女性佩戴，因为耳饰的位置比较醒目，因此要美观、大方，以免影响个人风度与气质。

商务场合下，如日常接待或商务谈判等较为严肃的场合，女性在耳饰的选择上应尽量选取耳钉或不太长的耳坠，材质和图案、色彩应简洁、大方，不可选择卡通造型或颜色过于鲜艳醒目的耳饰。

在宴会或隆重的庆典活动中，如身着礼服、长裙也可选择带有优雅造型、有一定长度的耳坠、耳环，给人以飘逸、高贵的感觉。

2. 衣饰的搭配礼仪

衣饰的搭配包括胸饰、围巾、帽子、眼镜与腰带以及手袋等。

（1）胸饰。

胸饰一般指胸针或胸花。

胸针佩戴的部位较为讲究。穿着西装时，应将胸针别在左侧领口或左胸前衬衣第一、二个纽扣间的位置。胸针不可以同纪念章、企业标徽、奖章等同时佩戴。

胸花是指佩戴在女性胸、腰、肩、头等部位的各种花饰，可以是鲜花也可以是人造花。许多商务仪式活动中，都有将鲜花佩戴在来宾左胸前的做法。其佩戴的部位一般也是衬衫纽扣的第一、二位之间。

女士还可根据所穿着服装的整体效果，将胸花佩戴在肩部、腰部或发际等处。佩戴时应保持花朵的造型完好、美观。

（2）围巾。

围巾是女士的常用饰物，能对服装起到烘托和美化作用。根据材质、形状、图案进行合理搭配，能够使色调暗淡的服装熠熠生辉，别致生动。但须注意，款式较为复杂、花色繁多的服装不应使用过于艳丽或有花色的围巾装饰。

（3）帽子。

帽子无论是材质、款式还是色彩都是千变万化的，选择帽子的时候应与自身的肤色、体型、身材、服装相配，尽量让帽子提升自身形象，但同时应注意佩戴帽子对头发的影响，脱帽后不可以一头乱发示人。

参加商务活动或上门做客时，如进入室内，应主动脱帽，在室内戴帽子、手套是一种不礼貌的行为。女士的纱质手套、披肩、传统礼帽、面纱等，如作为服装的一部分，则允许在室内穿戴。

（4）眼镜与腰带。

眼镜与腰带是日常较为常见的饰物，集应用与装饰功能于一体。正装服饰应配以正装腰带与造型简洁大方的眼镜。

腰带不可过长，且系束时不宜过松或过紧。

进入室内后，应摘下墨镜。在室外如参加仪式活动，佩戴墨镜也是不礼貌的。如患有眼疾，应主动向他人说明并致歉，在与他人握手、交谈时应摘下墨镜，结束后再戴上。

（5）手袋。

手袋特别是女士使用的小型手袋是出席各种社交活动的重要饰物。在选用时应对手袋的质地、款式、颜色等多加斟酌，以搭配不同的服装。商务场合中，如非商务拜访或洽谈等情况，不应使用过于繁重的公文包。女士手袋仅作装饰之用，不应填充过多物品，以美观、轻便、易携带为好。

3. 香水的使用礼仪

香水在当今商务活动中的应用较为广泛，是社交场合中一种无形的饰物。无论男士还是女士都可通过香水来提升自身魅力，给人留下良好的印象。

【小故事】香水的由来

香水在使用中应严格遵守 TPO 原则，在办公场所或商务洽谈中应选择气味清淡、中性香味的香水；户外运动时应选择清爽型香水；商务聚会时应选择淡香水。根据季节、时间的不同，香水的选择也应有所不同，一般来说寒冷的季节或晚间可使用味道稍浓的香水；炎热的季节或白天应使用清淡的香水。无论何种情况下，使用香水时气味均不应过于浓烈、刺激，尤其是在封闭的室内，浓烈刺鼻的香水味不仅不能给人良好的感受，反而会让人感到不适。

喷洒香水时应在外出前 20 分钟使用，以达到良好的效果；还应避免日光的直射而造成的皮肤不适；香水的涂抹部位应在动脉跳动处，如耳后动脉、胸前、手腕内侧，或者喷洒在围巾、帽子、衣领、手套或胸前领口等处；喷洒香水不能直接接触金、银、珍珠等饰物，以免造成饰物褪色或损伤。

思考与练习

1. 当今社会交往中，仪表修饰对个人形象的作用有哪些？
2. 穿着西装时需要注意哪些方面？
3. 衬衫的领口怎样选择才合适？
4. 女士套裙的尺寸长度如何确定？
5. 男生分组，以组为单位展示西装、衬衫、领带、腰带、皮鞋、袜子的搭配。
6. 女生分组，以组为单位展示套裙、衬衫、鞋袜、饰品的搭配。

任务二　乘务员的职业着装要求

各个服务行业都有符合自身职业特点的制服。民航乘务员作为高水准、高素质的服务行业的形象代表之一，统一规范的制服是其职业形象中最基本的要素之一。统一的制服不仅能展现航空公司的风格，同时也使旅客对乘务人员专业的服务技能产生信赖感和安全感。航空公司的制服风格往往直接表现出企业的文化与服务水准。乘务员的制服在一定程度上，已经成为航空公司服务的一项重要竞争力。

一、民航乘务员制服着装要求

1. 合身得体

制服的尺寸必须符合乘务人员的身材特点。空乘人员必须充分了解自己身材的优势和特点，利用工作制服的款式、色彩装扮自己，扬长避短，达到美化自身的效果。制服穿着忌乱，必须合体。讲究“四长”，即袖至手腕，衣至虎口，裤至脚面，裙到膝盖。讲究“四围”，即领围以插入一指大小为宜，上衣的胸围、腰围及裤裙的臀围以插入一指的松紧为宜。

2. 干净整洁

空乘人员的制服应保持干净整洁，定期换洗。制服干净整洁体现的是对工作岗位的尊重与热爱，是服务行业人员最基本的要求。空乘人员的制服要求无异色、无异味、无异物，尤其是衣领口与袖口等外露部分更要注意保持干净、整洁。一位对自己的制服是否干净都不在乎的空乘人员，一定不会有热情为乘客服务，也一定不是一位合格的空乘人员。

3. 熨烫挺括

空乘人员穿的制服必须是熨烫过或者没有褶皱的制服，因而制服清洗后应熨烫平整。穿着制服时，要注意自己的动作幅度，不乱坐乱靠，穿过之后应用衣架挂好或者叠放整齐，存放过程中留意保持制服平整。

4. 完整规范

空乘人员穿着制服时应保持制服完整，避免制服出现破损、开线和缺失纽扣等现象，同时，要保证整体装扮符合航空公司的要求。

现代社会中，优越的物质条件对人们的外在形象提出了更高的要求，服饰在很大程度上是一个人性格、身份、职业、文化背景和社会环境的外在体现。空乘人员在选择生活装时，要注意扬长避短、锦上添花，穿出自己的风格与个性。

【小视频】空乘制服欣赏

二、女乘务人员制服着装要求

1. 制服着装

女乘务人员着制服时，必须系好所有的纽扣；穿衬衣时须扣好纽扣，将衬衣下摆系入裙子或裤子中；戴帽子时，帽子应戴在眉上方 1~2 指处；着大衣时必须系好纽扣，系好腰带；登机证佩戴在衬衣、制服、风衣的胸前侧，上机后摘掉；服务牌佩戴在制服左上侧；供餐服务时穿戴围裙，注意保持围裙整洁、平整。

2. 配饰要求

（1）项链。项链的质地要好，不能佩戴较大的项链，直径最好不超过 5 毫米，并需佩戴在衬衣里面。

（2）耳饰。女乘务员在工作期间，允许佩戴一对货真价实、黄豆大小的耳钉，要求款式设计简单、样式保守，以珍珠耳钉为佳（见图 2-9）。男乘务员耳部不得佩戴任何饰品。

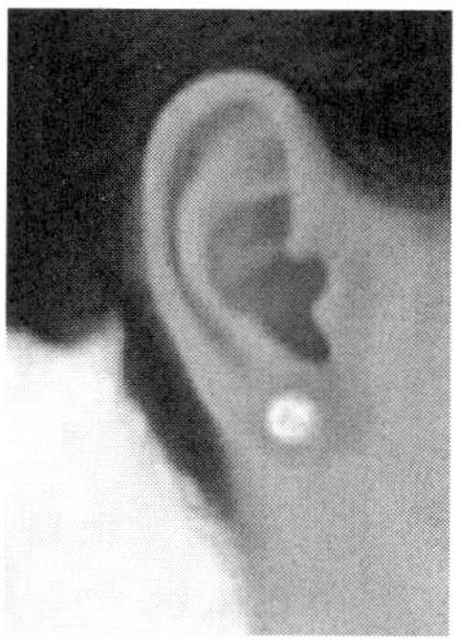

图 2-9　珍珠耳钉

（3）戒指。男女乘务员手部都可以佩戴一枚货真价实、简洁精致的戒指，佩戴在中指或者无名指，宽度不超过 5 毫米。

（4）手表。依据中国民航局规定，每名空乘人员都必须佩戴一块走时准确的手表，一旦发生紧急情况，全体机组人员必须按照机长的指令、按预定时间采取应急措施或紧急撤离。

男女手表的设计应保守简单，表带以及表盘以银色、金色的金属为主，禁止佩戴个性化、夸张时尚的或卡通式手表。为了准确对时，不能戴没有分针和秒针的艺术表。（见图 2-10）

（5）脚链手链。为了符合个人形象要求及组织乘客紧急撤离的需求，乘务员不允许佩戴脚链及手链、手镯。

图 2-10　男女乘务员合规手表款式

（6）丝巾。丝巾系在脖子上具有遮挡脖子的作用，一般情况下，制服是没有领子的，系一条丝巾就起到了很好的修饰作用，给人一种很正式的感觉。（见图 2-11）另外，系一条花色的丝巾，也能起到很好的点缀作用，迅速缓解狭小空间的压抑氛围。

图 2-11　乘务员丝巾

（7）指甲。女乘务员在工作期间，不得涂抹荧光色、怪异色的指甲油，如黑色、绿色、白色等，可选择肉色、淡粉色。男乘务员禁止涂抹指甲油。

三、男乘务人员制服着装要求

1. 制服着装

男乘务人员着制服时，必须系好纽扣，不能袒胸露背、高卷袖筒、挽起裤腿；必须佩戴领带、肩章；需扣好衬衣纽扣，将衬衣下摆系入裤子中；裤子应熨烫平整，保持干净、整洁；皮鞋保持光亮；空中服务时可穿马甲；穿风衣大衣时，须扣好纽扣，系好腰带，佩戴手套、帽子；登机证佩戴在衬衣、制服、风衣的胸前侧，上机后摘掉；服务牌佩戴在制服左上侧。

2. 着装注意事项

（1）避免制服开线、磨毛、磨破、破损、纽扣丢失的现象，制服一旦出现开线、破洞等情况，要立即修补或更换。

（2）穿着制服忌褶皱，要求上衣平整、裤线袖线笔挺。为了防止制服产生褶皱，必须采取一些必要的措施。例如，制服洗后要熨烫或上浆；穿前烫平，穿后应挂好或叠好；穿制服时，不乱倚、乱靠、乱坐等。

3. 男装配饰

通过反复训练，男性空乘人员要熟练掌握下面 3 种领带的打法。

（1）小结：也叫普通结、单结、平结。小结系法如图 2-12 所示。

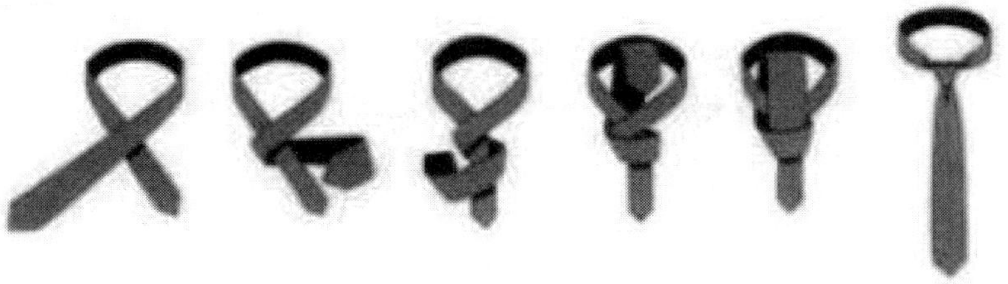

图 2-12　小结系法

（2）中结：也叫小温莎结或半温莎结，结的大小介于小结和大结之间。中结系法如图 2-13 所示。

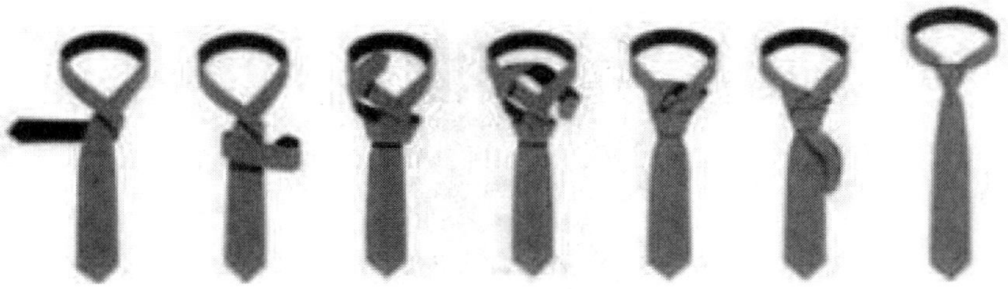

图 2-13　中结系法

（3）大结：也叫温莎结，是英国著名的温莎公爵发明的系法。大结系法如图 2-14 所示。

图 2-14　大结系法

思考与练习

1. 民航人员佩戴首饰有哪些基本要求？
2. 根据自己的脸型、发型、体型、肤色和服装，选择在日常生活中适合自己的首饰。
3. 反复练习领带及丝巾的系结方法。

任务三　皮肤的日常护理与保养

打造精致妆容的基础是良好的面部皮肤状态。内在美需要自身的修养，而外在美则需要自己精心地呵护。现在，越来越多的人都认识到保养皮肤的重要性，不仅可以延缓衰老，更可以增加自己的自信心，而保养更要从基础护肤做起。

皮肤的生理是了解皮肤问题的根本。一切皮肤问题都与皮肤的结构、类型等密不可分。因此，了解皮肤问题，先从认识皮肤的组织结构开始。

一、皮肤的基本特点

皮肤是指身体表面包在肌肉外面的组织，是人体最大的器官，总重量占体重的 5% ~ 15%，厚度因人或部位而异，为 0.5 ~ 4 毫米。

正常健康的皮肤应是微酸、微湿、柔软、结实而富有弹性的，并有抵抗疾病的能力。皮肤有如下特点：

（1）皮肤是人体最大的器官，与外界接触最为广泛。

（2）皮肤是活的细胞组织。

（3）皮肤具有自愈的功能。

二、皮肤的基本组成

皮肤主要由表皮、真皮和皮下组织 3 部分组成，如图 2-15 所示。皮肤的水分是人体水分的 15% ~ 20%，不能少于 10%，否则皮肤就会干燥、缺水、出现皱纹。表皮与真皮之间呈波浪形式连接，以保持皮肤的弹性。当皮肤老化时，波浪形会消失，皮肤也会失去弹力，进而出现松弛和皱纹。

1. 表皮

表皮位于皮肤最外层，它具有保护作用，并不断地新陈代谢。人的生理代谢周期为 28 天，但随着年龄以及生活习惯的改变会产生不同的变化。

2. 真皮

真皮位于表皮下一层，厚度约为表皮的 10 倍，能保持皮肤张力和弹力，由大量纤维结缔组织细胞和基质组成，为皮肤提供营养。皮肤的衰老往往从真皮开始。

3. 皮下组织

皮下组织位于皮肤的最底层，由脂肪细胞组成，主要功能是储存能量，具有保温御寒及保护内部组织的作用。

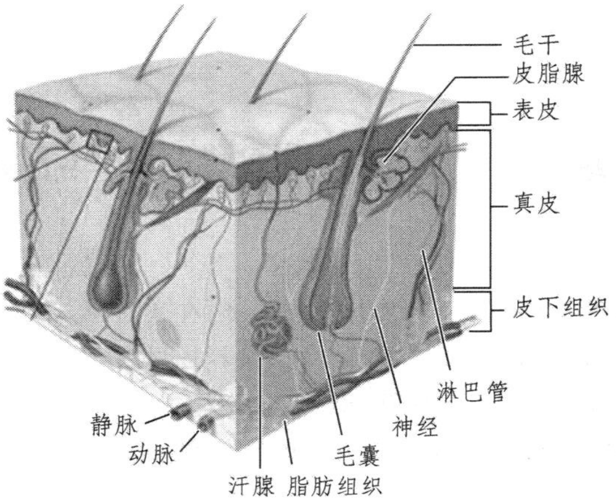

图 2-15　皮肤结构图

三、皮肤的类型

根据皮脂腺分泌的油脂和汗腺分泌的汗液之间的比例，皮肤可以分为干性皮肤、油性皮肤、中性皮肤、混合性皮肤和敏感性皮肤。

【小知识】

测定自己皮肤类型的方法

晚上睡觉前用中性洗面奶清洁面部，洗后不使用任何护肤产品，半小时后，用手摸前额及鼻部，如果出现油迹，即为油性皮肤。如果没有油迹，则在第二天早晨用面纸巾擦拭前额及鼻部，如果有少许油迹，则为中性皮肤；若只有很少的一点点油迹，则为干性皮肤。

1. 干性皮肤

干性皮肤看上去很细腻，毛孔不明显，不会感觉油腻。干性皮肤的 pH 为 5.5 ~ 6.0。由于角质层水分低于 10%，皮脂分泌少，所以会出现干燥、细纹等问题。这些皮肤问题主要是由皮肤表层缺少水分、表皮细胞间的细胞间质结构不完整、皮脂腺分泌不足所致。

2. 油性皮肤

油性皮肤，主要是由皮脂腺分泌过量油脂造成的。通常，青春期肌肤会偏油性，熬夜以及压力过大也会使皮肤偏油。这种肤质的皮肤毛孔粗大，皮肤显粗糙，皮脂分泌过盛，使污垢易附着在皮肤表面而形成粉刺。

3. 中性皮肤

中性皮肤不干不油，肤质适中，红润白皙，纹理细腻。中性皮肤是最完美的一种肤质，肌肤状况稳定，通常 14 岁以下发育前的少女居多。年纪轻的人尤其青春期过后仍然保持中性皮肤的很少。

4. 混合性皮肤

面部同时存在两种不同皮肤状态的混合性皮肤，主要表现在 T 区等偏面部中央处的油脂分泌较多，毛孔也较粗大，容易长粉刺、暗疮，显现偏油性的皮肤状态；而脸颊等部位较为干燥，显现偏干性的皮肤状态。混合性皮肤的特性会随着季节而变化，春夏季易混合偏油，秋冬季易混合偏干。

5. 敏感性皮肤

敏感性皮肤属于一种问题性皮肤，任何肤质中都可能有敏感性皮肤。这类皮肤十分容易受环境因素、季节变化及护肤品的刺激而导致皮肤过敏。

四、不同类型肤质的护理

“适合自己的，才是最好的”，了解自己的皮肤状况是护理皮肤的第一步。根据实际需要来选择护肤品、设计护肤程序，才能让皮肤得到真正有效的护理。

1. 干性皮肤

通常，干性皮肤皮脂分泌及水含量不足，容易出现细纹、干裂和脱皮现象；肤质细腻，毛孔细小，但缺乏光泽，面部彩妆可以维持得较久。

干性皮肤可分为缺水和缺油两种。缺油的干性皮肤多见于年轻人，缺水的干性皮肤多见于 35 岁以上的中青年人及老年人。缺水的干性皮肤与缺油的干性皮肤相比，会更干、更薄、有更多的皱纹。因为皮肤的细胞难以保留水分，在保养时应选择含丰富滋润成分且抗衰老型的产品，帮助皮肤保存水分、油脂，改善皮肤老化状况。

【小知识】

干性皮肤的保养

（1）日常的护理需要重视滋润和防止水分流失，选择温和型洁肤产品，保护皮脂膜。

（2）适当加强肌肤新陈代谢及血液循环，周护理中添加深层保湿、去角质和按摩方面的修护。

（3）日间要加强防晒，避免皮肤过早老化。

（4）日常饮食注意多摄取水分。

2. 油性皮肤

油性皮肤的皮脂腺分泌旺盛，皮肤长时间呈现油亮感。肤质较厚，毛孔粗大，容易长粉刺和暗疮，不易产生皱纹，但面部光彩很难持久。

干燥脱皮的油性皮肤往往被误认为是干性皮肤，其实只是油性皮肤缺水。如果皮肤看似干燥，却又呈现其他油性皮肤的特征，尤其是毛孔粗大，即是缺乏滋润的油性皮肤。保养时应使用能减少皮肤表面油脂，同时又能滋润补水的护肤品。

【小知识】

油性皮肤的保养

（1）日常的护理应该以控制皮肤油脂分泌和保持皮肤清洁为主，减少黑头、粉刺及暗疮的发生。

（2）护肤应选择清爽收敛型产品，周护理中应适当加强去角质和深层清洁。

（3）日间注意做好保湿防晒，避免皮肤老化。

（4）彩妆应选用质地轻盈产品。

3. 中性皮肤

中性皮肤可以说是最理想的肤质。皮肤细腻，毛孔细小，几乎没有瑕疵或者细纹，油脂和水分分泌均衡，整个面部充满光泽，并且富有弹性。

【小知识】

中性皮肤的保养

日常的护理相对简单，只需要做好清洁和基本保养，有规律地进行周护理。

（1）根据季节、气候和身体状况调整护肤品。

（2）保证生活作息正常，有充足的睡眠和健康饮食。

这样基本就可以保持皮肤的最佳状态。

4. 混合性皮肤

混合性皮肤的油脂分泌不平衡，T 区属于油性或中性肤质，U 区则属于中性或干性肤质。因此混合性皮肤同时具有油性皮肤和干性皮肤的特点。

【小知识】

混合性皮肤的保养

（1）日常护理要根据皮肤各部位状况，分区分需进行。

（2）组合配搭产品，以适应不同部位的需要。

（3）在季节更替和外界环境变化的时候，及时调整产品，确保肌肤的需要可以及时得到满足。

5. 敏感性皮肤

有些人的皮肤会对某些物质产生不良反应，或者由于季节变化容易引起红斑、刺痛、痒、发热、红肿等，这些都是敏感性皮肤的表现。

【小知识】

敏感性皮肤的保养

（1）不使用含酒精和果酸成分的产品，绝不能使用深层清洁的磨砂膏和去角质产品。

（2）在保湿、高水分的范围内挑选低敏护肤品和彩妆品。

（3）避免食用容易过敏的食物，选用任何护肤品、彩妆产品之前，都应该进行适应性试用。

五、护肤的步骤

化妆前的常规护理程序，即清洁和护肤，是每天都要做的日常护理程序，细心做好每天的日常护理以及定期做好皮肤的保养才能拥有完美的肌肤。

皮肤的护理可以分为日常护理和周期护理。

（一）皮肤的日常护理程序

1. 晨间皮肤护理

晨间护理分为四步：洁肤—爽肤—润肤—防晒。

（1）洁肤：用面扑和洗面奶洗脸（晨间由于面部无污垢，面部多为夜间产生的油脂，除油性皮肤外建议用清水洗脸）。

（2）爽肤：通常使用化妆水使皮肤的 pH 转化为正常。干性皮肤选用柔肤水，油性皮肤选用控油的爽肤水。爽肤有补充水分及收缩毛孔的功效。

（3）润肤：补充皮肤的营养，主要是给面部皮肤补充保湿因子，无论任何肤质，任何肤色，最重要的都是让它充满水分。白天选择质地清爽的产品以帮助后续彩妆减轻负担，保持皮肤毛孔的畅通。

（4）防晒：一年四季都需要抹防晒霜。防晒可以防止紫外线及阳光照射对皮肤造成的伤害，也能提高粉底的附着力。防晒是晨间护肤的最后一步，也是必不可少的一步。

2. 晚间皮肤护理

晚间护理分为四步：卸妆—洁肤—爽肤—润肤。

晚间护理程序和晨间护理程序基本相同，只是在洁肤之前多了一步卸妆。卸妆可以让肌肤回归最佳状态。夜间是皮肤进行自我养护的时间，要选用保湿与营养的护肤品修复皮肤。清洁的主要目的就是清除皮肤上的污垢，包括皮肤污垢与彩妆污垢，以及空气中的尘埃。洁肤是护肤的第一步，有助于保持汗腺和皮脂腺分泌畅通，促进皮肤的新陈代谢，保持皮肤活力。

（二）皮肤的周期护理程序

真正能改善皮肤状态的是周期护理。周期护理可达到去皱、除黑眼圈、提亮肤色等效果。

周期护理分为三步：去角质—按摩—面膜。

（1）去角质：去角质的产品可以 7~15 天使用一次，是为了帮助面部角质的脱落，以促进后续护肤产品更好地吸收，从而使面部肌肤有光泽、弹性。

（2）按摩：运用适当规范的按摩手法能够有效地减缓面部皱纹的产生，增加血液循环，使皮肤密实而富有弹性，排除面部皮下的多余水分，消除肿胀和皮肤松弛现象，从而使保养品更快地被吸收，有效地延缓皮肤的衰老。

面部按摩手法如图 2-16 所示。

图 2-16　面部按摩手法

（3）面膜：分水洗面膜和片状面膜，是护肤品中的一个类别。使用面膜最基本也是最重要的目的是弥补卸妆与洁面仍然不足的清洁工作，在此基础上配合精华成分实现保养的功能。每周可使用 1~2 次。

思考与练习

1. 准确自我判断自身面部皮肤属于哪种类型？
2. 根据自我皮肤状况，规划出一年四季中保养需注意的不同侧重点。

任务四　空乘职业妆容打造

打造乘务员妆容需要通过化妆工具、化妆品、化妆技巧三者的完美结合实现，三者缺一不可。化妆用具、化妆品种类繁多，要正确掌握每一类化妆品的用处和使用方法，才能挑选到最适合自己的彩妆类产品，熟练运用每种化妆用具，从而提升自己的化妆技巧，使妆容更加服帖、精致。

一、彩妆用品的选择

1. 隔离霜

隔离霜是皮肤的保护膜，它能均匀肤色，为后续彩妆达到更好的上妆效果。选择隔离霜时需要注意以下问题：

（1）具有防晒效果的隔离霜：这类隔离霜就是一般低 SPF 值的防晒霜，基本以欧美产品为主。

（2）具有防晒和修饰肤色作用的隔离霜：这类以日本、韩国产品居多，具有防晒、修饰肤色的作用。

（3）具有特殊功能性的隔离霜：如修饰毛孔、控油或滋润型隔离霜，为针对不同问题皮肤可进行选择。

2. 粉底

粉底的功效是改善肤色，给面容增添色彩，遮盖导致面部肤色不均匀的色素及细小瑕疵，还能够保护皮肤。使用粉底后，可以防止外界尘埃进入毛孔，持久妆效。比较常见的粉底类型有以下几种（见图 2-17）：

（1）霜状粉底：霜妆粉底属于油性配方，优点是粉底效果有光泽、张力、滋润，特别适合干性皮肤，能掩饰细小的干纹和斑点；缺点是长时间使用会阻塞毛孔。

（2）液体粉底：液体粉底配方轻柔、紧贴皮肤，由于水分含量最多，具有保湿效果。优点是能与皮肤很好的贴合，使皮肤看起来更细腻；缺点是容易脱妆，对瑕疵皮的遮盖效果不佳。液体粉底适合油性、干性、中性皮肤。

（3）膏状粉底：膏状粉底是以前的油彩粉底经过改良之后的产品，大大降低了厚重感。优质的固体粉底遮盖效果好且质地细腻，保湿，清爽，优点是干爽细腻、颜色均匀、遮盖毛孔，适合各种皮肤；缺点是肤质粗糙者涂上后观感不佳。

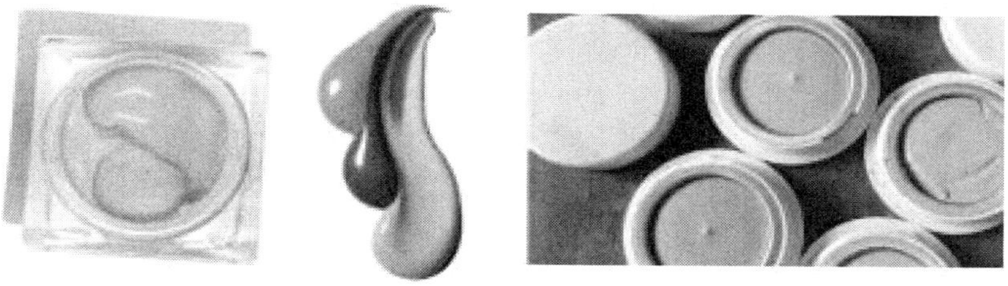

霜状粉底　　液体粉底　　膏状粉底

图 3-17　粉底

3. 修容

修容是利用色彩中的明暗来塑造面部的立体轮廓感，深色修容涂在面部较突出的部位，亮色修容（高光）涂在脸部需要突出的部位。

修容可分为棒状（膏状）和粉状。（见图 2-18）其中膏状的修容较自然，可用在粉底之后，易与粉底衔接，适合用于日常妆容和职业妆。粉状修容需用于定妆粉之后，痕迹明显。

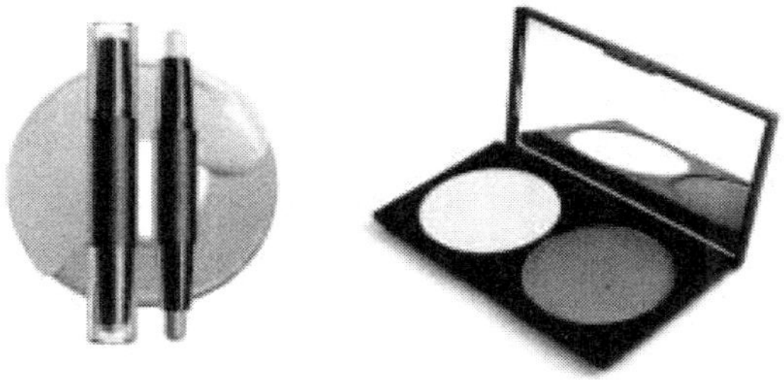

图 2-18　修容棒与修容粉

4. 定妆粉

定妆粉具有增加粉底附着力的作用，并且可以使妆面更加持久，防止后续脱妆的现象，还具有使皮肤凹凸不平得以修饰的作用。

定妆粉可选择粉饼或者散粉。（见图 2-19）粉饼遮瑕效果佳，可用于随时补妆，比较贴合皮肤，但不够保湿。散粉轻薄透气，妆面干净无瑕，但不便于携带，不便随时补妆。

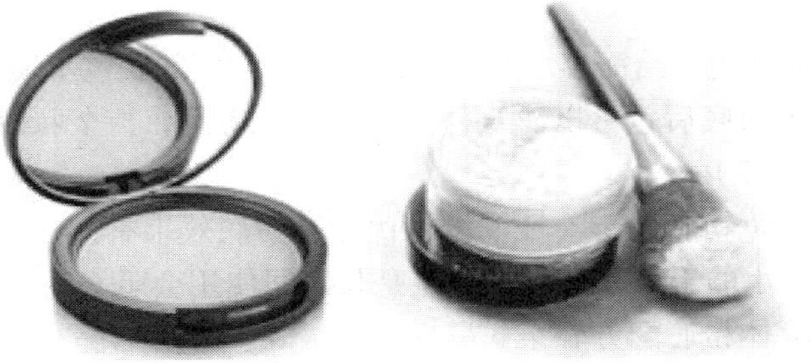

图 2-19　粉饼与散粉

5. 眉笔、眉粉

眉笔、眉粉是用来画眉的化妆品，可以加深眉色，填补眉毛的缺失，增加眉形的层次感和立体感。（见图 2-20）。

画眉毛时要根据肤色、发色选择颜色。眉毛颜色应与头发颜色保持一致。眉毛少的建议选择眉笔描画，层次感清晰；断眉、残缺眉建议选择眉粉描画。

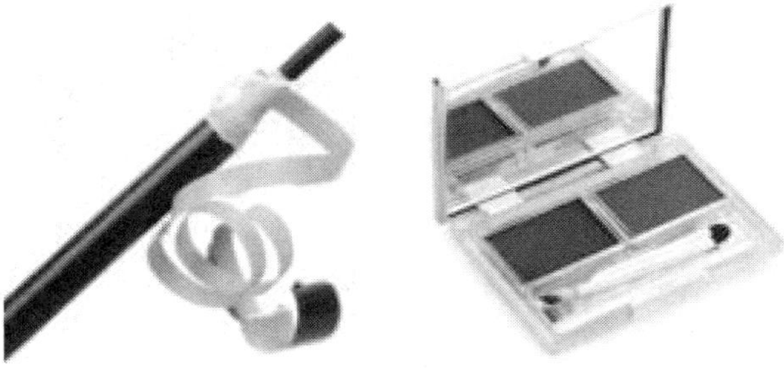

图 2-20　眉笔与眉粉

6. 眼影

眼影主要是赋予眼部立体感，通过亮色与暗色的对比力求突出眼部轮廓的立体感，还具有利用色彩烘托整体脸部形象的作用。眼影的种类主要有以下几种（见图 2-21）：

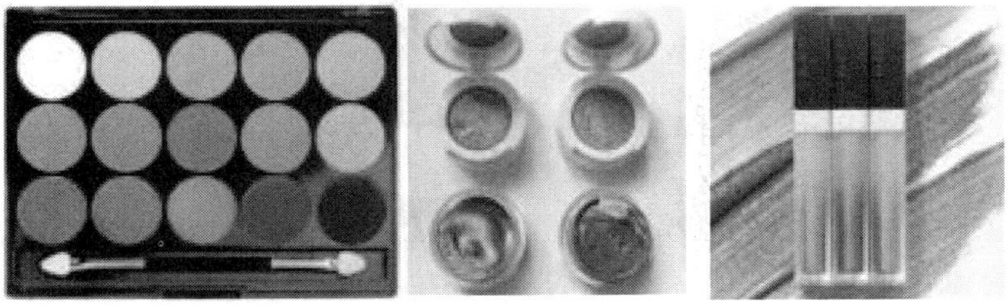

图 2-21　粉质眼影、膏状眼影、液体眼影

（1）粉质眼影：粉质眼影较服帖，很容易上手，使用方法简单，适合新手。

（2）膏状眼影：清透度极佳，光泽感很好，质地轻薄，使用过多易使眼皮的褶皱明显，需配合粉状眼影使用。

（3）液体眼影：液体眼影透明度与光泽感很好，但显色效果不如粉质眼影。

眼影色彩丰富，从原色、间色到复色应有尽有，色彩搭配需协调。

7. 眼线

眼线的描画可以使双眼更加有神、深邃，突出眼部轮廓感，使妆容显得更加灵动。眼线的种类如下（见图 2-22）：

（1）眼线笔：适合初学者使用，易上手，但容易脱妆。

（2）眼线膏：配合使用眼线刷进行眼线的描画，需要一定的技术。

（3）眼线液：持妆性最强，不易脱妆。但是不适合新手，技术要求较高。

图 2-22 眼线笔、眼线膏、眼线液

8. 睫毛膏

睫毛膏能够使睫毛看起来浓密纤长，是整个眼部妆容的画龙点睛之笔，令眼睛更加有神采，更有深邃感。睫毛膏可分为浓密型、防水型、卷翘型，可根据自身睫毛的浓密与长度选择适合的类型。职业妆的睫毛膏主要用黑色。

9. 腮红

腮红能给皮肤增添活力，使肤色显得更健康，有立体感，还能修饰脸型，掩盖皮肤瑕疵。打腮红时，应根据妆面的冷暖色调选择腮红颜色。腮红的种类如下（见图 2-33）：

（1）粉质腮红：使用最普遍，较服帖，持妆时间长。

（2）液体腮红：便于涂抹，妆效自然，如同皮肤自身的红润。

（3）膏状腮红：与液体腮红相比略厚重，使用海绵沾染上妆即可。

图 2-23 粉质腮红、液体腮红、膏状腮红

10. 唇膏、唇彩、唇釉

唇膏、唇彩、唇釉为暗淡的双唇增添色彩，使化完妆的脸看上去更加生动、明亮，是整个妆容的画龙点睛之笔，化唇妆时要注意颜色和质地的选择。（见图 2-24）

（1）唇膏：配方中含有蜡的成分，经过压模定型，因此质地比较密实，直接涂在唇上的着色效果较好。

（2）唇彩：质地较轻薄，使双唇滋润有光泽，但持久性不如唇膏，需要随时补妆。

（3）唇釉：能够达到唇膏和唇彩无法展现的效果。唇釉是将唇膏的饱和色与唇彩的透亮质感合二为一。

图 2-24 唇膏、唇彩、唇釉

二、化妆工具的选择与使用

1. 底妆类工具（见表 2-1）

表 2-1 底妆类工具

图形	名称	作用	使用方法
	海绵蛋	涂抹底妆的工具，用质地细密的海绵涂抹粉底，既均匀又卫生	先将海绵用水浸湿，然后挤出多余的水分，在其微潮的状态下将粉底均匀地在脸上涂抹开
	粉底刷	涂抹底妆的工具，能够将粉底抹得轻薄均匀，照顾到脸上众多小细节	从面部内轮廓开始刷，用打圈的方式顺着皮肤纹理走向刷，用手腕力，且用力要均匀
	蜜粉刷	上蜜粉的定妆工具，让妆容更干净服帖，持妆效果更佳	蘸取适量蜜粉，在手腕处抖掉多余的蜜粉，均匀地点涂于面部
	蜜粉扑	上蜜粉的定妆工具，要选择质地细密的纯棉制品	粉扑蘸上蜜粉，对折后揉搓，使蜜粉在粉扑上均匀分布，再使用蜜粉扑按压皮肤

2. 修眉工具（见表 2-2）

表 2-2　修眉工具

图形	名称	作用	使用方法
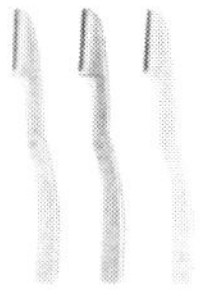	修眉刀	用于修整眉形及发际处多余的毛发，可以大面积去除多余的杂眉。特点是不用忍痛，就可修出整齐的眉形	将皮肤绷紧后，刀片与皮肤呈 45°角刮掉多余的毛发
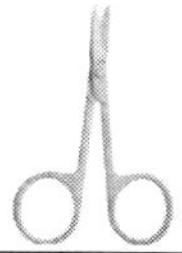	修眉剪	用于修剪眉形的工具，宜选择尖部细小、头微微上翘的眉剪	先用眉梳按眉毛生长方向梳理整齐，再将超过眉形部分的眉毛减掉
	眉刷	整理眉毛和睫毛的工具，形同牙刷，毛质粗硬，在化妆工具中眉刷和眉梳常常被制作一体	在画过的眉毛上，用眉刷沿着眉毛生长方向轻轻刷动，使眉色均匀

3. 眼部工具（见表 2-3）

表 2-3　眼部工具

图形	名称	作用	使用方法
	眼线刷	用来描画眼线的工具，是化妆套刷中最小的毛刷	蘸上眼线膏或者水溶性眼线粉，在睫毛根部处描画眼线
	眼影刷	用来修饰眼睛的工具。眼影刷要专色专用，最好备有几只大小不一的眼影刷	将蘸取眼影粉的眼影刷在上下眼睑处进行晕染
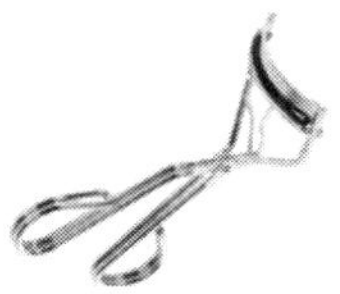	睫毛夹	用来卷曲睫毛的化妆工具。睫毛夹夹缝的圆弧形与眼睑的外形相吻合，使睫毛被挤压后向上卷翘	先将睫毛置于睫毛夹啮合处，再将睫毛夹夹紧。操作时从睫毛根部、中部和梢部分别加以弯曲

4. 面部工具（见表 2-4）

表 2-4　面部工具

图形	名称	作用	使用方法
	轮廓刷	用于修饰面部轮廓，可以选择顶端呈半椭圆形的粉刷	蘸取亮色（高光）或阴影色（修容），在面部的外轮廓及需要显示凸或凹陷的部位，进行涂刷或晕染

续表

图形	名称	作用	使用方法
	腮红刷	用于涂抹腮红的化妆工具。需要使用富有弹性，大而柔软，前端呈圆弧形的刷子	用腮红刷蘸上腮红，由鬓角处沿颧骨向面颊轻扫
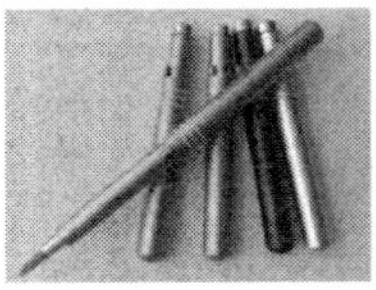	唇刷	用于勾画唇部线条的工具。唇刷最好选择顶端刷毛较尖的刷子	先用唇刷描画唇线，然后再用唇刷蘸取唇膏涂抹全唇塑造唇型

三、空乘职业妆的打造

空乘职业妆是指适合空乘人员特有的工作特点和工作环境的妆容，符合其特有的职业要求，既不能浓妆艳抹，又不能素面朝天、不加修饰，必须用比较好的化妆手法装扮自己，以体现对乘客的尊重。适度的妆容也是一个空乘人员所要具备的基本技能之一。（见图 2-25）

上妆的基本步骤为：底妆—修容—定妆—眉部—眼部—唇部—脸颊。

图 2-25　乘务员妆容打造

（一）底妆

在进行完护肤的最后一步涂抹防晒之后，就进入底妆的环节。在粉底之前，我们应该根据自身皮肤状态选择适合自己的隔离产品，毛孔粗大的可选择修饰毛孔的隔离霜，油性肌肤可选择控油类隔离霜，干性肌肤可选择滋润型隔离霜。通过隔离产品的使用，后续妆容更加服帖、精致，持妆性更长久。

粉底色号的选择越贴合自己原本肤色越好。涂粉底是借助海绵或粉底刷实施的。用化妆用具上底妆是为了使粉底与皮肤结合得更加紧密，速度快而且均匀。可以运用手指对海绵难以深入的细小部位，如鼻翼两侧、下眼睑及嘴角进行处理。海绵在使用前应用清水浸湿，再用干毛巾按干，使其微潮状态，可以使粉底涂抹得更加服帖。用粉底刷以打圈的方式刷粉底，由鼻翼开始向脸颊涂刷，需要遮盖的部分用点拍的方式。

（二）脸型的修容

标准的脸型并不是每个人都拥有的，但是就算脸型不完美，通过化妆技巧，修容的明暗色差同样可以修饰出标准的脸型。

修容主要是通过面部阴影和高光的修饰打造出标准的脸型。（见图 2-26）

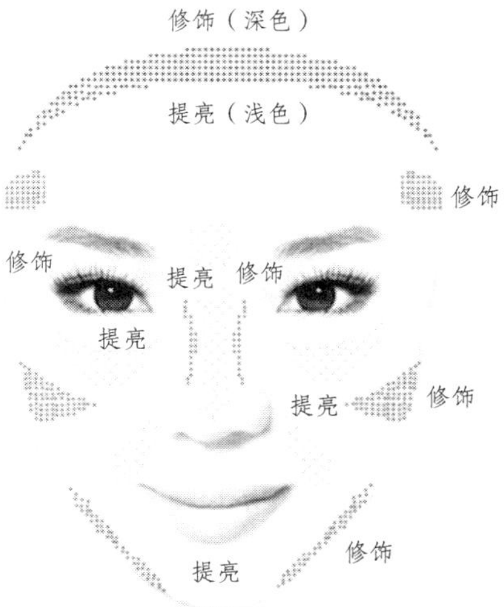

图 2-26　面部阴影、高光位置

1. 圆形脸的修容

（1）圆形脸给人感觉太圆润、偏短。修饰时向方脸调整，略带棱角，修饰以小、长的视觉为主。

（2）阴影部分在发际线连接至腮骨，鼻梁两侧。

（3）提亮部分在 T 区、下巴。

2. 方形脸的修容

（1）方形脸给人的感觉是棱角分明，缺少亲和力。修饰脸型主要以修饰的圆润、柔和为主。

（2）加深额头两侧、两鬓位置至两腮，全脸缩小，大面积提亮眼下三角区域和下巴。

（3）阴影部分在发际线、腮的部位（斜向）。

（4）提亮部分在 T 区、下巴、眼底下方 U 形区。

3. 倒三角形脸的修容

（1）一种很受欢迎的脸型，比较短小的脸型配上尖尖的下巴，但是额头两侧过宽。

（2）加深太阳穴至耳鬓部位，让额头和颧骨变小，提亮苹果肌和腮骨部分，使面部变得饱满。

（3）阴影部分在上侧发际线、耳侧至腮骨上方、鼻梁两侧。

（4）提亮部分在 T 区、眼下方、嘴角。

4. 长形脸的修容

（1）长形脸给人沉稳、成熟的感觉，修容重点是缩短脸部长度。

（2）上额、下巴以深色修容，两颊以浅色。
（3）阴影部分在额头发际线、下巴，根据不同的长形脸，酌情加腮部阴影。
（4）提亮部分在双颊，眼下方 U 形区。

5. 菱形脸的修容

（1）菱形脸颧骨处过宽，修容重点是脸部中间，尤其是额头处和下巴，使其突出，扬长避短。
（2）柔和脸部线条，缩小颧骨。
（3）阴影部分在发际线、颧骨、下巴。
（4）提亮部分在 T 区、眼底下方、太阳穴。

6. 椭圆形脸的修容

（1）面部呈椭圆形，线条柔美，没有明显的棱角转折。
（2）阴影部分在发际线至耳边、鼻梁两侧、下巴底端。
（3）提亮部分在 T 区、颧骨下方、下巴。

（三）定妆

用蜜粉定妆，使用工具可以借助粉扑或者粉刷，粉扑以按压的方式上妆，粉刷以点涂的方式打圈上妆。定妆这一步骤不可省略，不仅可以使皮肤看上去更加细腻有光泽，还可以增加妆效的持久度。

（四）眉部

眉毛是眼睛的衣裳。眼睛缺了眉毛这件衣裳，也变得“赤裸裸”。脸上缺了眉毛，则缺少了灵魂。（见图 2-27）

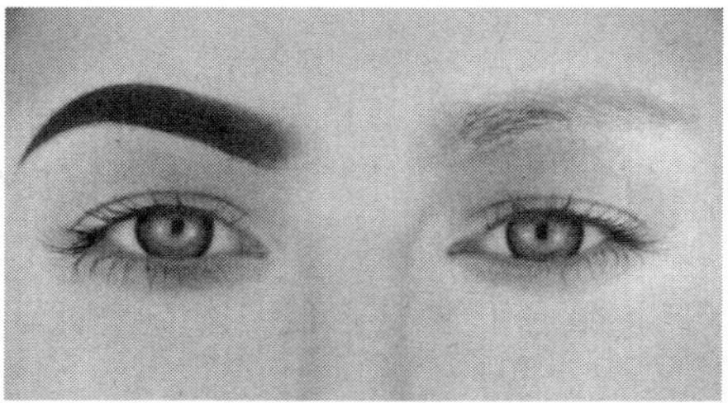

图 2-27　有眉无眉的对比

眉毛的形状是否标准，主要看其与眼睛的搭配是否恰当，与五官的组合是否协调，与脸型的配合是否到位，此外还要表现个性等方面的特征。标准眉形是将眉毛平均分为三等份，即眉头至眉腰中间、眉腰中间至眉峰、眉峰至眉梢三部分均等（见图 2-28）。

图 2-28 中 A 表示眉头，其位置在鼻翼侧边缘与内眼角的延长线上。

图 2-28 中 B 表示眉峰，其位置在鼻翼侧边缘与瞳孔外侧连线的延长线上，且略高于眉头。

图 2-28 中 C 表示眉梢，其位置在鼻翼侧边缘与外眼角连线的延长线上，高度与眉头平行。

画眉的步骤和方法如下（见图 2-29）：

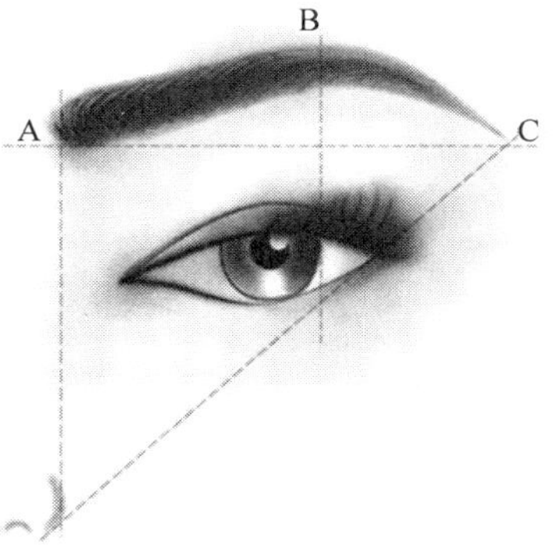

图 2-28　标准眉形

图 2-29　画眉的步骤

（1）从眉腰处开始，顺着眉毛的生长方向，描画至眉峰处，形成上扬的弧线。

（2）从眉峰处开始，顺着眉毛的生长方向，斜向下画至眉梢，形成下降的弧线。

（3）加深眉腰到眉峰的颜色。

（4）用眉刷刷眉，使其颜色柔和，各部位色彩衔接自然。

画眉毛的时候一定要注意的就是修饰眉形。选择一个适合自己的眉形是化妆里面非常重要的一个步骤。

眉形如图 2-30 所示。

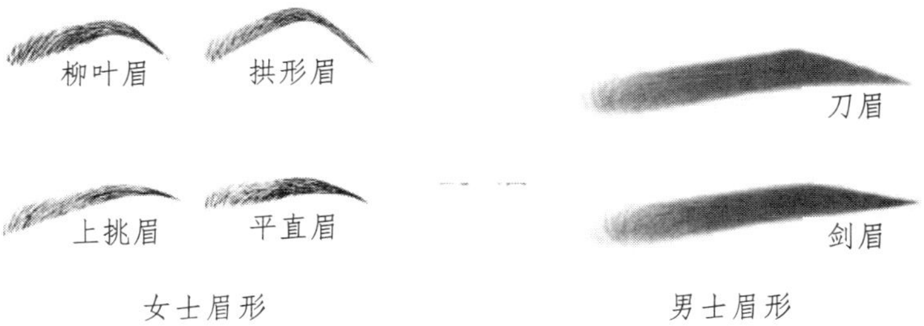

图 2-30　眉形

（五）眼部

眼睛是面容的审美核心，是心灵的窗口。运用丰富的色彩对眼睛进行修饰，能够表现出整体化妆的重点。眼睛修饰主要由眼影的描画、眼线的勾勒和睫毛的修饰三部分构成。（见图 2-31）

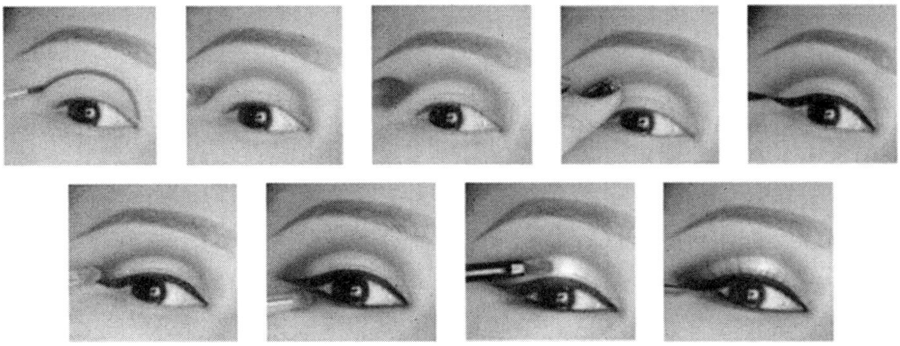

图 2-31　眼部妆容

具体步骤如下：

（1）用刷子蘸取深色眼影晕染在眉骨处，这样做可使眼部轮廓深邃。

（2）用刷子将深色眼影晕染开来，注意衔接处过渡自然。

（3）上眼睑至眉骨处用浅肉色眼影进行大面积打底。

（4）上眼睑至眉骨处加以珠光色眼影继续进行提亮。

（5）在睫毛根部勾勒眼线，注意填满睫毛根部，眼尾微微上扬。

（6）用深色眼影加深眼尾，注意衔接自然。

（7）下眼睑眼尾处晕染眼影和上眼睑眼尾处进行融合渲染。

（8）眼头和眼窝处用高光提亮，增加明亮度，提高眼部层次感。

（9）使用睫毛夹将睫毛夹翘，刷上黑色睫毛膏。

（六）唇部

唇部是脸部肌肉活动机会最多的部位，口红既能反应一个人的个性、气质、品位和审美，也充分展示了个人内心世界。对唇部的修饰，不仅能增加面部色彩，而且还有较强的调节肤色的作用。

标准唇型的唇峰在左右鼻孔中心正下方的垂直延长线上；唇角在眼睛平视时眼球内侧的垂直延长线上；下唇应略厚于上唇；嘴唇轮廓清晰，嘴角微翘，整个唇型富有立体感。（见图2-32）

（1）鼻孔中心垂直延长线称唇峰位。

（2）两唇峰之间的低谷称唇谷，略呈 10°角。

（3）上下唇称唇裂。

（4）唇的两侧称嘴角。

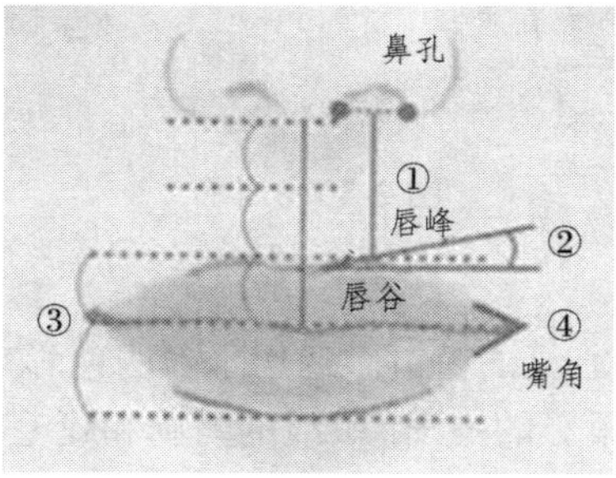

图 2-32　标准唇型

1. 化唇妆的步骤（见图 2-33）

（1）做好唇部打底保湿，润唇膏滋润后用棉棒轻擦去多余唇部角质死皮。

（2）根据自身条件设计理想唇型，连接确定好的各点，勾画唇线。

（3）用浅色号粉底或遮瑕遮盖唇部，掩盖原本唇色。

（4）涂口红。涂口红的方向与勾画唇线的方向一致。

（5）用唇刷继续填补唇线周围比较细小的部位，使口红与唇线衔接自然。

（6）涂唇彩，使唇部有光泽感。

（7）涂高光色，在下唇中央用亮色口红或唇彩提亮。

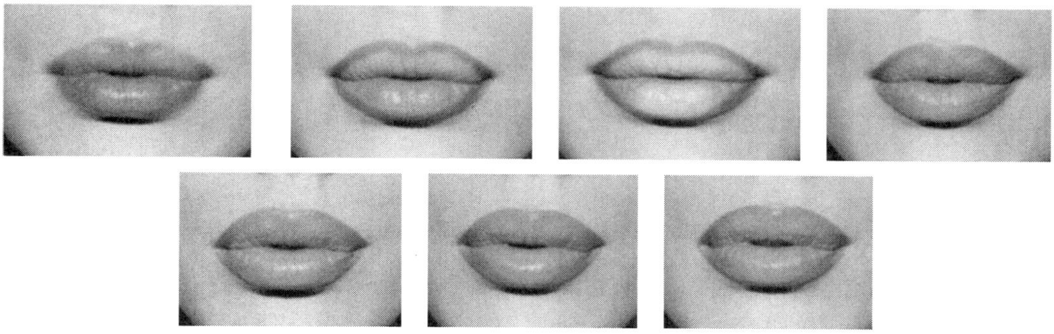

图 2-33　唇妆的步骤

2. 上唇妆时需注意的问题

（1）唇线的颜色要与口红色调一致。

（2）唇线的线条要流畅，左右对称。

（3）口红色彩变化规律为上唇深于下唇；唇角深于唇中部。

（4）口红色要饱满，充分体现唇部的立体感。

（七）脸颊

脸颊是流露真实情感的部位，情绪波动时脸颊会产生较明显的颜色变化。红润光滑的面颊会透出健康的肤色。腮红是展示女士神态风韵，以及矫正脸型的一种手段。

不同脸型的腮红化法如图 2-34 所示。

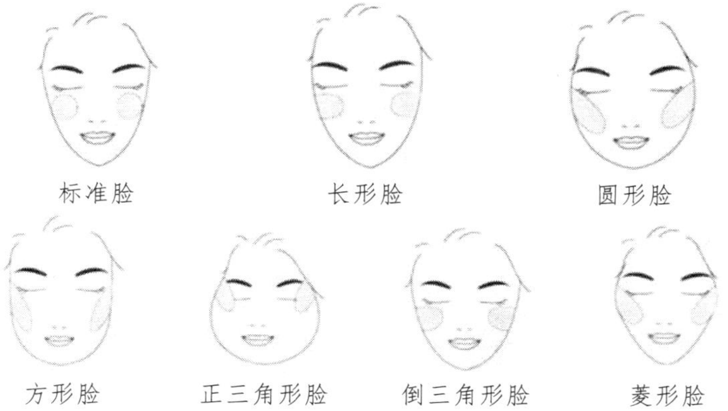

图 2-34　不同脸型的腮红上妆

思考与练习

1. 乘务员妆容的要求和基本步骤？
2. 男性乘务员基础化妆与女性乘务员基础化妆的区别？
3. 如何根据自我特色打造符合空乘人员的妆容？
4. 熟练使用化妆用品，根据个人特征挑选符合个人妆容的彩妆颜色。
5. 根据自我脸型特点熟练打造符合个人特色的职业妆容。

任务五　空乘职业发型打造

空乘职业由于其工作具有一定的特殊性，所以在工作中对发型的要求高过其他服务行业，发型的设计必须符合空乘人员的工作形象要求。其原则如下：

（1）符合服务行业的形象标准，干净清爽、端庄得体，同时方便进行相关空中乘务工作。

（2）扬长避短。一个设计成功的发型，要突出面部的优点，修饰脸型的不足。

（3）富有个性。每个人的脸型和气质都不一样，要根据自己的脸型设计适合自己的发型。端庄发型配上得体的职业装才能凸显出空乘职业的高雅。

空乘人员在选择发型时，应当有意识地体现出庄重而保守的整体风格，以与乘务员身份相称，才易于得到服务对象的信任。空乘人员通常不宜选用太过时尚的发型，尤其是不要为了标新立异而有意选择前卫的发型。

一、男士发型要求

男性乘务员的发型，要求发型轮廓分明，两侧鬓角不得长于耳郭中部，发尾最长不得超过衬衣衣领上限，前面的发型必须保持在眉毛上方，不能遮住眼睛。（见图 2-35）头发必须保持原本发色，不允许染成其他颜色，要使用发胶、摩丝等定型产品，头发不得有蓬乱的感觉。男士每个月至少应理一次发；禁止出现烫发、光头、板寸和鸡冠头等怪异发型。

男士发型的打理步骤如下：

（1）洗发后，将头发按所需造型方向吹干、吹蓬。

（2）将造型产品均匀涂于手上，按所吹方向涂抹，应先抓发根，然后抓发尾。

（3）打造空气层次感，按所需造型制造纹理感，注意整体轮廓。

（4）喷干胶定型，最后调整，避免毛躁。

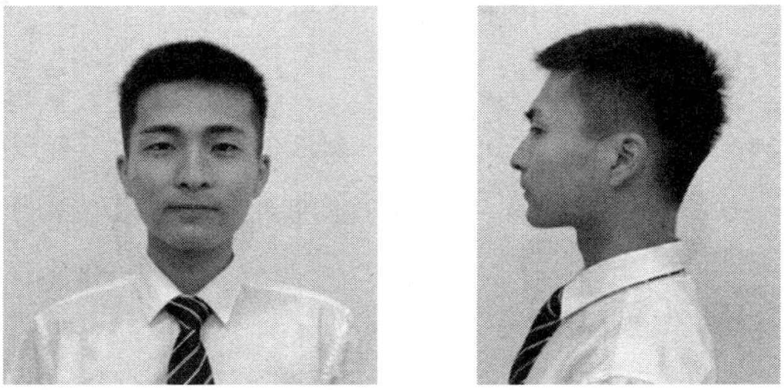

图 2-35　男士发型要求

二、女士的短发与盘发

女性乘务员的发型可以分为短发和长发两种发型。

（一）短发的标准

（1）头发的长度不宜过短，可以通过烫发的方式来打造整体的造型。整体的造型应该柔和、圆润。

（2）短发的刘海需经过打理并固定，服务时头发禁止掉下遮住脸颊，以防止在服务过程中头发掉入餐食或饮品中，从而造成服务差错引起旅客的不满。

（3）乘务员禁止烫爆炸式、板寸式、翻翘式和倒刺式的短发，不能给人以非主流的形象，发型的背面长度不能超过衣领的上缘。

（二）长发的标准

1. 发髻

长发必须扎起来，发尾要用隐形发网盘起来。先将长发扎成马尾式，然后用隐形发网盘成发髻。隐形发网根据发量的多少分为不同的长度，要根据自己的发量选择不同长度的发网。马尾长度不得超过发网，长发扎起的高度为耳廓上缘平行延长线处，发髻不得低于双耳，不可过高或者过低，头顶部头发蓬起的高度在 3 ~ 5 厘米，如果头顶部的头发完全贴于头皮，整个发型会显得过于呆板，如果头顶部头发蓬起高于 5 厘米，整个发型会显得过于夸张。发髻应盘绕为圆形，最大直径不超过 10 厘米，厚度不超过 5 厘米。

空乘发型打造如图 2-36 所示。

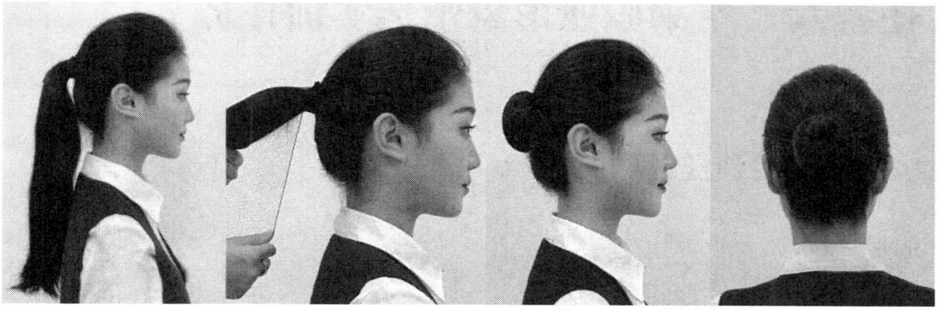

图 2-36　空乘发型打造

2. 前额

根据个人发量和发际线位置及脸型自由选择侧分式或后背式造型。圆形脸前额适合做后背式，长形脸做后背式及侧分式均可。

（1）侧分式：以眉毛的眉峰为点用梳子画一条延长线，此延长线则为发型的侧发线。先整理出部分侧发，用夹子进行固定，然后将马尾梳好，再将预留的侧发从耳后别过扎入马尾中，在耳后用一字夹将刘海固定，用定型产品进行最后的打理及固定，眉毛必须露出，禁止服务时掉下遮住眉毛和眼睛。（见图 2-37）

（2）后背式：头顶部分头发蓬起高度在 3 ~ 5 厘米。（见图 2-38）将头发全部向后梳理通顺，并用定型产品进行固定。

（3）长发禁止留刘海（包括齐刘海、斜刘海和空气刘海等）。

图 2-37　侧分式

图 2-38　分背式

思考与练习

1. 简述乘务员发型要求中，男士、女士的禁忌。
2. 根据空乘人员的特点，为自己确定合适的发型，并熟练操作。

任务六　空乘职业形象塑造实训任务

一、职业妆容打造实训任务

（一）任务说明

（1）熟练掌握化妆用品、化妆工具的分类和使用方法。
（2）能在规定时间内完成自我妆容的打造。

（二）任务要求

（1）整体妆容干净、悦目，符合乘务员职业妆容要求。
（2）全脸妆容色彩搭配协调。
（3）眉形符合个人脸型特征。

（三）操作步骤

请按照上妆顺序：底妆—修容—定妆—眉部—眼部—唇部—脸颊，在规定时间内（30分钟）完成全脸妆容的打造。

（四）考核评价表（见表 2-5）

表 2-5　职业妆容实操考核评分表

姓名		学号			
项目	考核要点		分值	得分	备注
底妆	底妆涂抹均匀，与肤色没明显色差。面部遮瑕运用得当，无明显瑕疵，面部呈现光泽感		10		
修容	通过阴影与高光的修饰，面部轮廓柔和。能够根据自身脸型进行明暗调整，扬长避短		10		
眉形	眉毛颜色与发色相同。眉毛高度长度符合基本眉形要求。可以根据自我脸型描画合适的眉形		10		
眼部	眼影色彩运用搭配恰当，晕染衔接很好。眼妆色彩有层次感。可以熟练操作眼线笔、睫毛膏		10		
唇部	唇部线条清晰，左右对称。口红颜色搭配与全脸妆容自身气质相协调。唇部饱满，能够体现唇部立体感		10		
脸颊	气色红润，有健康感。腮红位置正确，能够很好地修饰脸型		10		
整体妆容	妆容自然服帖，有职业感。整体妆面效果突出，化妆手法能很好地美化面部五官。整体色彩搭配协调无突兀感		40		
合计			100		
还应注意的问题：					

二、职业发型打造实训任务（女生）

（一）任务说明

（1）熟练运用盘发工具：黑色皮筋、隐形发网、U 形夹、发胶或啫喱、尖尾梳。
（2）能在规定时间完成个人盘发。

（二）任务要求

（1）按照标准乘务员盘发要求，无碎发，发髻高度在耳郭处，发髻大小适中。
（2）能根据自我脸型、发际线高度选择适合自己的盘发发式。
（3）在 15 分钟内完成盘发实操。

（三）操作步骤

梳理头发—扎马尾—隐形发网盘发—U 形夹规定—用发胶处理小碎发。

（四）考核评价表（见表 2-6）

表 2-6　职业发型实操考核评分表

姓名		学号		
项目	考核要点	分值	得分	备注
发色	头发颜色是自然发色，没有明显染发痕迹	10		
发顶高度	头顶蓬起处高度适中，不超过 3～5 厘米，根据脸型的长短判断	10		
发髻	发髻高度在耳郭上缘延长线处，不过高也不过低。发髻大小适中，呈饱满的圆形，直径 10 厘米左右	20		
发型前部	前额露出，没有头发遮挡眉毛	10		
碎发	恰当运用啫喱或者发胶定型，发型干净、整洁，没有杂乱的碎发	10		
整体效果	符合行业形象标准，干净清爽，端庄得体，能够根据自己的脸型选择适合的发式，修饰脸型的不足	40		
合计		100		
还应注意的问题：				

项目二课后作业

项目三

仪容与仪态

项目导论

仪容仪态可以反映出个人的精神状态和礼仪素养，而乘务员的职业形象既代表着个人形象，更代表着航空公司的形象，展示着乘务人员的精神面貌和企业文化。在一定程度上，还代表着国家的对外形象，是一个航空企业赢得市场的有力资源。如果想要在举手投足之间展现出自然高贵的气质，则需要靠适当的教导和不断的练习，将肢体语言的训练运用到炉火纯青的地步，直到内化为自己的一部分，从而体现出自然、优雅的美感。

学习目标

通过本章节的学习，学生应能明确知晓乘务员的仪容礼仪姿态标准及动作要求，并能掌握不同姿态的运用场景，达到1+X乘务职业形象及礼仪姿态职业技能证书对应的考核标准要求。

课时分配

序号	名称	总课时	理论课时	实践课时
1	服务人员的表情规范	2	2	0
2	标准礼仪姿态	4	2	2
3	礼仪姿态在服务中的运用	2	2	0
4	礼仪姿态综合运用实训任务	4	0	4

任务一　服务人员的表情规范

行业内流传着一句话：“好的服务从一个温暖的微笑和懂你的眼神开始。”微笑和眼神是无声的语言，是传递信息和情感的重要途径，可以快速缩短人与人之间的距离，让旅客有宾至如归的感觉。

一、微表情分析

微表情是人类在试图隐藏某种情感时无意识做出的、短暂的面部表情。通常在 1/25 秒到 1/5 秒之间一闪而过，流露出非常短暂的、不能自主控制的面部表情。微表情是促进沟通的一种方法，它能让你准确地揣摩客人、朋友、家人的心理状态，从而有的放矢，提高沟通质量。

【小故事】微笑的力量

乘务员的服务工作千篇一律，每一个动作，每一句话都会重复上千遍，甚至上万遍。而微笑是暖人心的一剂良药，常常能够为平淡的服务工作添彩。愉快的情绪是会传染的，愤怒没有礼貌的表情则是服务从业者的禁忌。很多时候投诉生效并非因为我们的言语，而是微表情出卖了自己。

人类主要拥有至少 7 种表情，每种表情表达的意思都不一样。

1. 真心的笑容

真心微笑时，嘴周肌、颧骨肌往上提，同时扯动眼窝周围的肌肉，有类似鹰爪的眼纹。（见图 3-1）

2. 愤怒

愤怒时，眉毛下沉并聚拢，眼睛怒视，嘴唇紧锁。（见图 3-2）

图 3-1　真心的笑容

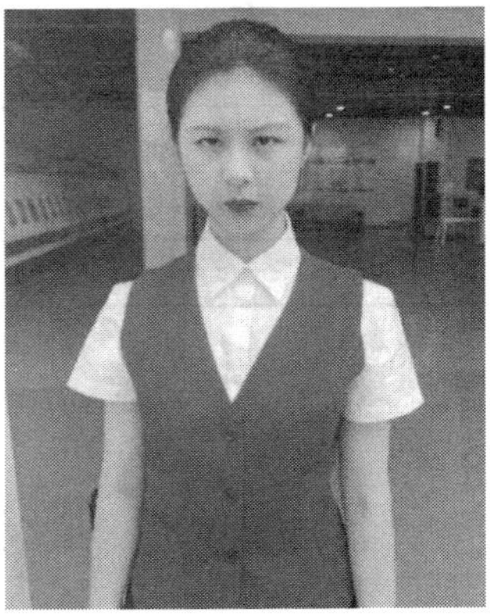

图 3-2　愤怒

3. 轻蔑

轻蔑时，一侧脸部嘴角翘起，轻视地笑。（见图 3-3）

4. 悲伤

悲伤时，上层眼皮下垂，两眼无光，两侧嘴角微微下拉。（见图 3-4）

图 3-3　轻蔑

图 3-4　悲伤

5. 害怕

害怕时，嘴巴和眼睛张开，眉毛上扬，鼻孔张大。（见图 3-5）

6. 厌恶

厌恶时，嗤鼻，上嘴唇上抬，眉毛下垂，眯眼。（见图 3-6）

图 3-5　害怕

图 3-6　厌恶

7. 惊讶

惊讶时，下颚下垂，嘴唇和嘴巴放松，眼睛张大，眼睑和眉毛微抬。（见图 3-7）

图 3-7　惊讶

在航班上，乘务员与旅客的沟通主要以语言为主，但实际上语言在沟通中只占到 7%，大部分沟通都是通过肢体动作、面部表情进行的。因此，乘务员的非语言沟通就显得尤为重要。航班上我们经常都没有办法去目睹一件事情的完整经过，当呼唤铃响起的那一刻，就应该从旅客的表情、肢体上进行预判，大概发生了什么事情，需要哪种应对措施，并做出快速反应。

二、微表情在现实生活中的运用

【小故事】

林肯的一位朋友曾向他推荐某个人为内阁成员，林肯却没有用他。他的朋友很不理解，因为那个人的资历、经验、水平都很不错。于是问林肯原因。林肯说："我不喜欢他那张脸，太生硬、太刻薄，一个成年人就该为自己的脸孔负责。"

林肯的话说明了一个真理：人的面部表情同其他肢体语言一样，是可以被熏陶和改变的，是由人的内在变化、文化修养、气质特征所决定的。

在社会各个层面，目前针对微表情的研究已经应用到各个领域。很多训练有素的人，其中不乏国家安全人员、公众人物，他们可以很熟练地管理好自己的表情。随着民航业的迅速发展，旅客的需求多样化、个性化，要求客舱服务质量不断提升。飞机客舱内通道狭窄，服务细节被不断放大，学会管理自身表情、动作，提升客舱服务质量是对空乘人员的现实要求。

1. 说谎与隐瞒

说谎时，眼睛往往看着左上方。因为这时要用右脑来编故事、形象思维；而左脑是用来记忆的逻辑思维。另外，可能还会出现手哆嗦，或在大腿上摩擦，是想擦走手心的汗，以及用手触摸让自己镇静，这是一种极度紧张的表现。

2. 惭愧与羞愧

当出现羞愧情绪时，人会本能地垂下或闭上双眼，用手托头，嘴角向下拉，视线向下看，非常尴尬。

3. 拒绝

双手交叉抱在胸前，说明潜意识是想保护自己，同时也在抗拒对方。

4. 塔状手

两手微交叉搭尖，是极度自信的表现。

5. 祈祷手

两手指交叉合拳状，说明人的信心开始动摇，甚至是自我怀疑；而祈祷手时再把两个大拇指藏在手里面，是信心极度低落的表现。

微表情的运用是影响服务质量的重要因素，从业者的表情管理能力和服务水平质量对民航服务业的发展至关重要。

三、构成表情的主要因素

表情是指五官的变化表现出来的心理活动和情感思想。人们在传递信息时，由视觉信号、听觉信号和文字信号共同起作用。在这个印象产生的过程中，视觉信号占 55%、听觉信号占 38%、文字信号占 7%，这就是著名的“第一印象”理论中的“55、38、7”原则。这个原则表明，表情是所有语言里不可忽视的一个部分，远胜于那些苍白、重复的语言，在人际交往中极其重要。

（一）眼神

眼睛居五官之首，是人体最重要、最精巧、最完善的感觉器官。俗话说“眼睛是心灵的窗户”，而眼神就是这扇窗户表达情感的工具，眼神是无形的通信手段，默默传情的眼神能表达心灵深处极为复杂、丰富、细腻、隐秘的情感。它是真实的、毫无掩饰的、极富感染力的。一个良好的交际形象，目光应该是坦然、友善、亲切、有神的。

1. 注视时间

人们在交谈时，视线接触对方脸部的时间约占全部谈话时间的 30%~60%。超过这一平均值，可认为对谈话者本人比谈话内容更感兴趣；低于平均值，则表示对谈话内容和谈话者均不感兴趣。不难想象，如果谈话时心不在焉、东张西望，或是由于紧张、羞怯不敢正视对方，目光注视的时间不到谈话的 1/3。这一谈话，必然难以被人接受和信任。

2. 眼神使用角度

（1）平视。

身体与对方保持相似高度，表现出双方地位平等，不卑不亢。（见图 3-8）当处于坐姿时，看见来访客人或领导到来时，应起身相迎，以便平视。

图 3-8　平视

（2）仰视。

在某些特定的服务场景中会用到仰视的目光，如在处理旅客对服务不满、投诉时，或者因为某些因素让旅客变得悲伤、沮丧时等，乘务员应蹲下来和旅客进行交流，而此时仰视的目光接触会让旅客感受到被重视、关怀和爱怜。（见图 3-9）

图 3-9　仰视

（3）环视。

客人比较多或从不同方向而来时采用环视，不忽视每一位客人的存在，可用于客舱为安全演示、致谢等场景。（见图 3-10）

图 3-10　环视

（4）俯视。

在服务行业中，不建议使用俯视的目光。俯视的角度会让旅客产生心理差距，引起不满。俯视一般表现为对小孩的怜爱与关心。

3. 眼神注视的区域

眼神的注视分为三种：公务凝视、社交凝视、亲密凝视。场合不同，注视的部位也不同。

（1）公务凝视：在洽谈、磋商、谈判等严肃场合使用，目光应给人严肃、认真的感觉。注视的位置在对方双眼或双眼与额头之间的区域。

（2）社交凝视：在普通社交场合使用的一种注视方式，注视位置在对方的唇心到双眼之间的三角区域。社交凝视也是在服务行业中最常用的一种注视方式，它可以营造一种平等、亲切和轻松的交往气氛，有利于双方交流。

（3）亲密凝视：通常是在亲人之间、恋人之间使用的一种注视方式。注视位置从双眼到胸之间。

4. 眼神的禁忌

（1）忌盯视。注视时间过长，会让人感到不自在。交谈时，除双方关系十分亲密外，目光连续接触的时间一般为 5 秒左右。眨眼次数一般每分钟 5~8 次，不宜过快或过慢。

（2）忌眯视。眯视即眯着眼睛看人，传递给别人的是傲慢的态度，是一种不友好的眼神。

（3）忌快速转移视线。当对方说错话正在拘谨害羞时，不要马上移开视线，而应当用亲切、柔和、理解的目光继续看着对方，否则易被对方误认为高傲。

（4）忌扫视。长时间对他人全身上下左右反复打量，乱扫一气，是绝对失礼的行为。

（二）微笑

微笑是人类面孔中最动人的一种表情，是社会交往中美好而无声的语言，而且微笑来源于心地善良、宽容和无私，表现的是一种坦荡和大度。所以微笑是人际关系的黏合剂，也是化敌为友的一剂良方。

1. 微笑的三度（见图 3-11）

（1）一度微笑：嘴角微微上翘，笑肌微微提起，有浅浅的笑意，用于初次见面或碰面示意。

（2）二度微笑：嘴角明显上翘，同时提起笑肌，表示亲切、温馨，传达友好并让人感受到被尊重。常用于细微服务，或交谈时倾听。

（3）三度微笑：嘴角肌、笑肌、眼周肌同时运动，嘴唇分开露出牙齿。这是微笑的最高境界，常用于迎客、送客的场景。

一度微笑　　二度微笑　　三度微笑

图 3-11　微笑的三度

2. 微笑的训练

知道了微笑的三个度，就可以有针对性地进行训练了。这是一个非常系统的训练过程，在训练之前需要做到以下几点：

（1）放松肌肉群。

这个阶段其实就是张嘴训练，通过朗读一些固定的展开嘴型的字句来练习。例如：“哆来咪”“茄子”“天空”等。用比平时说话更夸张的方式念出来，活动脸部肌肉群。

（2）给嘴唇肌肉增加弹性。

张大嘴巴使嘴周的肌肉最大限度地伸张，并保持 15 秒。可以试着尝试用打哈欠的方式，将嘴张开，保持，反复练习 5 次以上。

（3）内心准备。

为自己建立一个愉快的心理氛围，可以借助一些搞笑的视频，回忆一些令人开心的事情，培养积极乐观的心态。从心底发出的微笑才是最有感染力的微笑。

（4）笑容与语言结合。

微笑地说“早上好”“您好”“欢迎光临”等礼貌用语。微笑和语言美往往是孪生姐妹，甜美的微笑伴以礼貌的语言，两者相映生辉。如果脸上微笑，却出言不逊，语言粗野，其微笑就失去了意义；如果语言文明礼貌，却面无表情，会让人怀疑你的诚意。只有声情并茂，你的热情、诚意才能被他人理解，并起到锦上添花的效果。

微笑的训练方式多种多样，目前最为流行的是“咬筷子”训练法。这种方法有一定的效果，但不要过于依赖。微笑应是发自内心的情绪的自然流露，如果太讲求弧度、露几颗牙难免过于教条，容易练成“假笑”。一个完美的微笑会牵动眉宇、唇齿和面部肌肉，不是固定的、机械的、没有诚意的面部动作。真正的微笑是与内心相契合，真诚、善良、豁达的。而乘务员则需要的是这种能打动人心、温暖心底的微笑。

四、服务人员规范表情的合理运用

乘务员在服务的过程中难免会和旅客发生摩擦，引起不满遭到投诉。从诸多的投诉案例来分析，最后作为有效投诉的案例几乎都与乘务员的服务态度分不开。每次回访事情经过时，乘务员都会很委屈地说：“我很有礼貌地回答了旅客，可他就是不满意。”为什么会造成这样的局面呢？这就是老生常谈了，服务过程中除了有声语言的沟通，还有无声语言的表达，如果乘务员的表情管理没有跟上有声语言表达，那么就算你为此道歉一千次，旅客也感受不到你的真诚，往往无济于事。

【小故事】

飞机平飞后，乘务员小陈正在为旅客提供餐饮服务。当小陈正准备把倒好的橙汁递给 13K 的张先生时，突发的颠簸将小陈手里的橙汁晃出，洒在了张先生的衣服上，小陈立即拿出纸巾递给张先生并向他致歉，可脸上确是一副漠不关心的表情。飞机平稳后，小陈恢复了正常餐饮工作。可张先生依然为此前的事情感到不满，随后将小陈投诉到了乘务长处。张先生说：“虽然乘务员小陈不是故意将橙汁洒到自己身上的，事后也有道歉，但从头到尾小陈就没有正眼看过张先生，也没有看到小陈真诚道歉的表情。”张先生觉得小陈非常不尊重他，非常没有职业素养。

这样的案例其实在一线飞行时经常发生，很多乘务员不注意管理自己的表情，就像小陈一样虽然语言上在道歉，但表情上没有任何的体现，引来了张先生的投诉。我们经常会说“相由心生"，表情是情感的外部表达，乘务员要学会正确运用五官变化来准确地表达情绪。

1. 微笑与服务

（1）微笑服务是热情服务的具体表现，可以融洽工作氛围。如今客人对服务的要求不断提高，这就要求微笑服务要站在客人的角度，本着热情、关怀的态度，去帮助客人解决问题，满足客人的情感诉求。

（2）微笑服务是文明服务的具体表现，可以展现空乘人员的职业素养。微笑是友善、谦恭、真诚等美好感情最直接的表达方式。服务过程中，难免会遇到心情不佳、说话难听的客人，微笑是一种礼貌和涵养的表现，能有效缩短与客人间的心理距离，打破隔阂。

（3）微笑服务是真诚服务的具体表现，可以彰显服务能力。微笑传递着友好、愉悦等积极向上的内容。通过微笑渲染服务工作氛围，展现出真诚服务的魅力，树立企业形象。

2. 眼神与服务

（1）学会"目中有人"。当对方说话时，要与对方眼神接触，互相尊重是沟通交流的前提。

（2）保持目光与语言的一致性。在向客人问候、质疑和道别时，皆应用柔和的目光去注视对方，以示尊敬和礼貌；交谈时，适当动作示意以表示专心倾听。但注意不要在对方表达悲伤或愤怒情绪时投以笑意的眼神。

（3）交谈时间较长时，眼神应有所"转移"，但不要在对方全身游离或试图盯住一个部位，如果一直盯着客人会使其感到不自在；也不要让眼珠转来转去、上下打量别人，上下打量意味着挑剔和审核。学会用眼神与客人交流，这种交流可以直达客人内心深处，架起理解的"桥梁"，从而让服务工作事半功倍。

服务是一门艺术，与微笑、眼神交流密不可分。对表情艺术的掌握与运用正是当前服务从业者的必修内容之一。而如何管理好面部表情、运用好表情艺术中的微笑与眼神提升服务质量，则是对服务从业者的重要考验。

思考与练习

1. 两人一组，一人用纸遮住嘴巴，露出眼睛做出表情，另一人则来猜。
2. 相互评价法：两人相对而立，做出表情，互评感受。

任务二　标准礼仪姿态

仪态是一种"无声的语言"，在日常交往中，人们通过语言交流信息，但在说话的同时，表情、身体姿态、手势和动作也在传递着信息。对方在接收信息时，不仅"听其言"，也在"观其行"。在社会交往中，仪态还是一种无形的"名片"。仪态在传情达意方面也许不像有声语言那样明确、完善，但在表露人的性格、气质、态度、心理活动方面却更为真实可靠。仪态是人们在成长和交往过程中逐步形成的，因而具有习惯性的特点。总之，仪态美是一种更完善、更深刻的美。

一、站姿与走姿

（一）站姿

1. 站姿的基本要求

站姿是一种本能，它是人们平时所呈现的一种静态美的造型，同时又是其他动态身体造型的基础和起点，最易表现人的姿态特征。站立时应挺拔、端庄、自然、亲切。站姿需要经过长时间的训练和练习，才能够展现出良好的形象。

（1）头部：头正，保持向上延伸的感觉。

（2）眼睛：平视正前方。

（3）下巴：下颌骨微收。

（4）脖子：直立向后靠，与脊柱形成一条直线。

（5）肩胛骨：微微向后收紧，双肩保持同一水平线。

（6）脊柱：后背脊柱直立，往上延伸。

（7）腹部：小腹收紧，保持肋骨上升的感觉。

（8）臀部：向后加紧臀部肌肉并往前提，使骨盆回到中立位。

（9）脚：身体重量平均分布于两脚，重心在中间，不能前倾或后倒。

2. 站姿的训练方法

（1）靠墙站立法：找一面墙，整个人背对墙面，把脚板平贴在地面上，然后慢慢地将脚后跟并拢，整个下半身紧贴墙面；前弯腰 60°，让腰部以上的上半身离开墙面，用力吸气收紧小腹，接着按照从脊椎、臀部、腰部到肩膀，最后是后脑勺的顺序全部贴在墙面上。每天站立 10~15 分钟。

注意：双肩紧贴墙面，下颌微下压，将颈椎向上拔起，后脑勺紧贴墙面，切记不要仰头。

（2）顶书夹纸法：双脚板紧贴地面，脚后跟并拢，脚尖分开 30°~45°，呈“V”字形，小腿大腿内侧夹紧、双膝间夹纸；上身保持挺拔、直立，收紧小腹，肩胛骨微收，颈椎后靠伴随向上延伸感，下颌微收，头正，将书放于头部上方。保持纸和书的稳定，不能掉下来。

3. 女士站姿

工作场景中的站立姿态可以传达很多信息，如工作态度、职业素养、敬业意识，这些都可以从站姿中体现出来。

（1）基础站姿（垂臂式）（见图 3-12）。

身体自然挺拔站立，下颌骨微收、头正、肩平、收腹、直背、立腰，双手自然下垂，放于身体两侧，手指尖舒展，双腿夹紧，脚下呈“V”字步。这种姿态适用于升旗仪式等庄重严肃的场合。

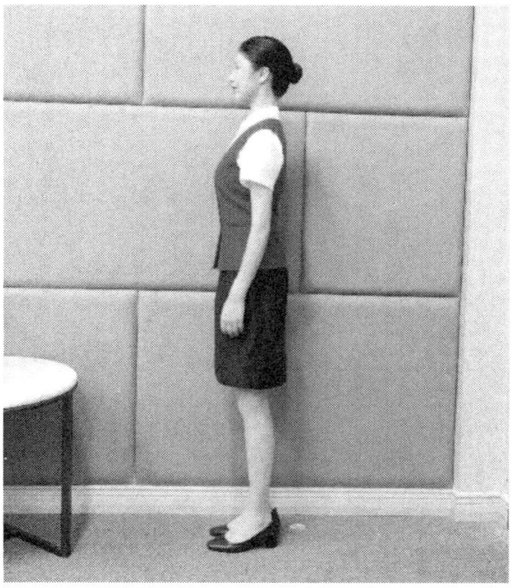

图 3-12　基础站姿

（2）前腹式站姿（见图 3-13）。

自然挺拔地站立，将双手虎口交叉，相叠放于肚脐下两横指，右手在上左手在下，以露出左手指关节为宜，双拇指收回藏于手心内，外侧手指尽量舒展，但不要上翘，两手臂呈自然弧度。双腿夹紧，膝盖并拢，脚呈“V”字步或丁字步站立。这种站立姿态多用于迎客、送客、表达谢意以及相关的严肃且重要的场合。

图 3-13　前腹式站姿

（3）交谈式站姿（见图 3-14）。

自然挺拔地站立，双臂自然下垂，双手虎口相交垂放于身体前侧，手指放松可微弯，脚呈“V”字或丁字步。这种站姿多用于和旅客的日常交流、寒暄。

图 3-14　交谈式站姿

4. 男士站姿

（1）基础站姿（垂臂式）（见图 3-15）。

双脚并拢，脚尖对正前方，大腿肌肉收紧，腹肌内收，臀大肌上提，挺胸，展肩，双臂放松自然下垂，垂于体侧，目视前方。

图 3-15　基础站姿

（2）前握式站姿（见图 3-16）。

双脚分开略窄于肩，双脚尖对正前方，大腿肌肉收紧，臀大肌上提，腹肌内收挺胸，展肩，左手小腹前握住右手手腕靠近手掌的位置。这个姿态给人以随和又不失风度之感，多用于与旅客交谈、寒暄。

图 3-16　前握式站姿

（3）后握式站姿（见图 3-17）。

双脚分开略窄于肩，双脚尖对正前方，大腿肌肉收紧，臀大肌上提，腹肌内收，挺胸，展肩，双手在背后腰际相握，左手握住右手手腕靠近手掌的位置。这个姿态庄重、正式，多用于迎客、送客时使用。

图 3-17　后握式站姿

站姿是所有姿态的基础，不良的站姿不仅会给人吊儿郎当、不专业、不敬业的外在感受，还会影响身体的健康发展趋势。保持一个正确的站立姿态不仅是对别人的尊重，也是对自己的尊重。

5. 站姿的注意事项

（1）站立时不要倚靠桌椅或者墙面，避免给人懒散、无力的感觉。

（2）站立时不要抖动双腿或者晃动上身。

（3）站立时应尽量避免不必要的小动作，如东摸西摸、拉衣服、理头发等，在工作场合中显得不专业。服务人员也不应将双手抱于胸前站立，这样会给人拒人千里的感觉。

（二）走姿

走姿是动态的肢体呈现，是全身性的肢体运动，需要整体协调性的配合来完成。同时，走姿也是内心情绪的外在表现，通常可以将人内心的喜、怒、哀、乐表现出来，是强有力的无声语言。

1. 走姿的基本要求

行走时，上身保持站立的标准姿态，挺胸收腹、腰背立直，两臂以身体为中心，前后自然地摆动，掌心朝内，前摆约 35°，后摆约 15°。起步时，身体稍向前倾，脚跟着地同时推向脚掌，重心保持平移，目视前方，表情自然平和。（见图 3-18）

图 3-18　走姿的基本要求

2. 走姿规范

（1）行走时上体保持正、直，头部要端正，双目平视，下颌微收，面带微笑，肩部平稳，挺胸、收腹，使上身略微上提，身体协调。

（2）重心自然平稳，摆臂时双肩平衡，以肩关节为轴，大臂带动小臂，手掌向内，前后自然摆动，前后摆幅为 30°左右。

（3）方向明确，步位直，两脚尖朝前，脚跟先着地，之后两脚内侧落地。女生走出的轨迹要在一条直线上，男生走在两条平行线上，两脚行走轨迹应相对为直线。

（4）步幅适当，前脚的脚跟与后脚的脚尖相距为脚长。跨步时，两脚之间相距约一只脚到一只半脚的长度。

（5）步频平稳、步伐稳健、步履自然，有节奏感，并保持一定的速度。一般情况下，男士每分钟行走 108~118 步，女士每分钟行走 118~120 步。

3. 走姿的注意事项

（1）走路时不要将脚拖拉在地面，这会表现出身体病态，是一种消极的情感表达。

（2）走路时迈步要轻盈，不得把地板踩得咚咚响，以免制造噪声给旅客带来不好的服务体验。

（3）女性行走时不要将双腿叉开行走，那样会显得很粗鲁。女性行走时应尽量将腿并拢，感受膝盖间的摩擦。

4. 走姿训练

（1）练习腰部力量。行走属于动态美，是全身协调性运动，其中腰部的控制力至关重要。练习时，双手固定于腰部，绷直脚背，踮脚正步行走，保持上身的挺拔。

（2）良好的身姿体现在背部。背脊是行进中最美妙的音符，因此要练习背脊和脖颈的姿态。头顶一本书，保持背脊伸展、头正、颈直、目平。

（3）练习脚步。尽量沿一条直线走，两脚内缘的着力点力求落在直线两侧，女生行走时内侧膝盖应有摩擦感。

二、坐姿与蹲姿

（一）坐姿

俗话说“站如松、坐如钟”，正确的体态不仅可以帮助个人塑造优美的体形线条，还可以让人看起来更加富有优美、端庄之感。正确的姿态表达是自然的、大方的、舒适的，绝对不是矫揉造作的，故作姿态的。

1. 坐姿规范

正确的坐姿要求展示出姿态美、静态美、端庄美。优雅的坐姿要做到“一直二曲三定位”，即“直腰、屈膝、定位”。

（1）头正、颈直，下颌微收，双眼目视前方，面带微笑，表情自然。

（2）身体正、直，挺胸收腹，背部挺拔。

（3）双腿自然并拢，双膝和双脚跟并拢，使上身和大腿、大腿和小腿、小腿和地面均保持 90°。

（4）双肩放松，双臂自然弯曲内收，双手自然放在腿上。

（5）遵从“左进左出”的入座和离座原则，并坐足椅子的 1/2 或 2/3 处。

2. 女士坐姿

不管什么场合，不管什么情况，女士坐姿时双膝永远都是并拢的，不能分开。同时，腰背立直，有挺拔之感，双手相交叠放于腿上，双臂自然弯曲。若女士着短裙就座时，双膝并拢，两手相交叠放于裙边缘处。

（1）入座规范。

轻缓走到座位左侧，横跨一步到座椅中间，双脚呈“V”字或丁字步，后侧一步，用小腿感知座位的距离，抚裙坐下，将前腿收回，保持上身挺拔。

（2）标准坐姿。

标准坐姿适合于所有场合。落座后，身体重心朝下，垂直于凳面，大腿小腿间的夹角为90°，双膝并拢，双手相交叠放于腿上，双臂自然弯曲，面带微笑。（见图3-19）

（3）侧点式坐姿。

落座后，身体重心朝下，垂直于凳面，双腿并拢，大腿与小腿夹角呈90°，平行斜放于身体一侧，双手相交叠放于大腿上，双臂自然弯曲，面带微笑。（见图3-20）

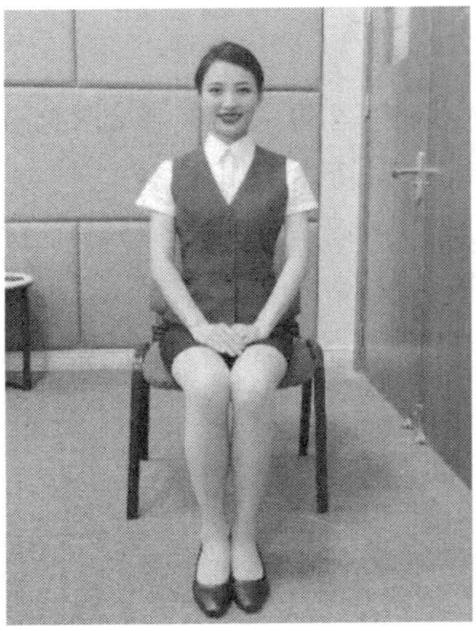

图3-19　标准坐姿

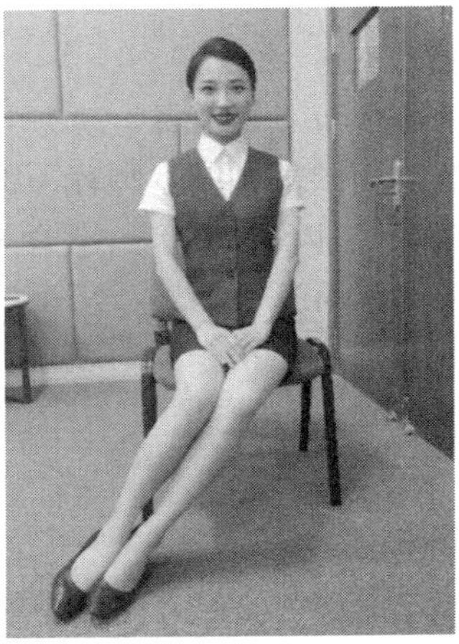

图3-20　侧点式坐姿

（4）前后式坐姿。

落座后，身体重心朝下，垂直于凳面，双膝并拢，左脚前伸右脚后屈或右脚前伸左脚后屈，双手相交叠放于大腿上，双膝并拢，双臂自然弯曲，面带微笑。（见图3-21）这种坐姿适合久坐，不会让身体感觉劳累。

（5）斜搭式坐姿。

落座后，身体重心朝下，垂直于凳面，先将左脚向左侧伸出45°，然后将右腿抬起放在左腿上，大腿和膝盖紧密重叠，小腿并拢呈一条直线，双手相交叠放于大腿上，手臂自然弯曲，面带微笑；反之亦然。（见图3-22）

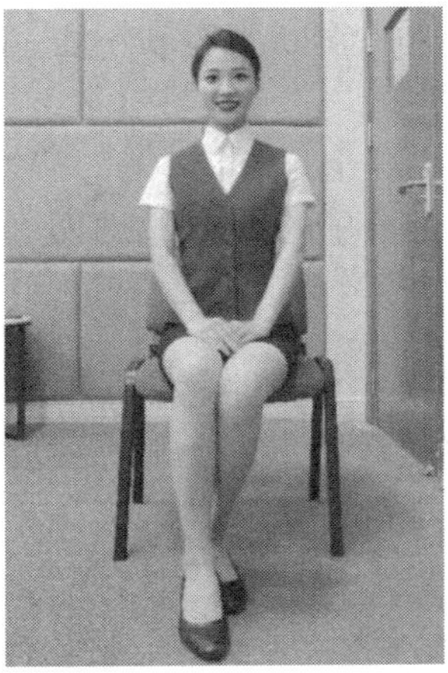

图3-21　前后式坐姿

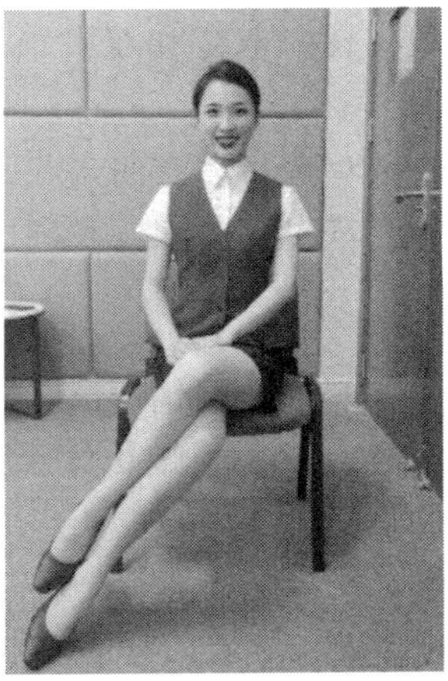

图3-22　斜搭式坐姿

（6）交叉式坐姿。

落座后，身体重心朝下，垂直于凳面，双臂并拢，大腿和小腿呈 90°角，平行斜放于一侧后，双脚在脚踝处交叉，双手虎口相交叠放于大腿上。（见图 3-23）

图 3-23　交叉式坐姿

3. 男士坐姿

（1）标准坐姿。

落座后，身体重心朝下，垂直于凳面，两腿分开略窄于肩，小腿与大腿夹角呈 90°，双手分开自然放在双腿之上，双臂自然弯曲，面带微笑，呈自信、阳光之感。（见图 3-24）

图 3-24　标准坐姿

（2）重叠式坐姿。

在正位坐姿的基础上，将右腿抬起放于左腿上，双手叠放于大腿上，手臂自然弯曲，膝盖和大腿尽量重叠，不能将腿架“4”字。

4. 坐姿礼仪

（1）落座时将臀部落到椅子的 2/3 处，立腰、挺胸、展肩，保持挺拔感，不要将后背靠在椅背上，避免显得无力、懒散、没有精神。

（2）落座后应避免抖腿等小动作。从心理学上来讲，落座时抖腿，是烦躁、无聊的表现，这个举动会让人产生反感、不被重视之感。

（3）注意入座“左进左出”的规则。入座时，首先应请地位高的人先入座，如长辈、领导、客人。将座椅轻轻拉开从椅子的左侧进入，离开时从椅子的左侧退出，再将座椅轻轻放回。

（4）在上司或客人面前不可双手抱在胸前，不可跷二郎腿和抖腿，也不要半躺半坐，这些都会给人不礼貌的感觉。

（二）蹲姿

蹲姿是日常活动中比较常用的一种姿态，也能在最不经意间向他人展示优雅仪态和个人修养。蹲姿不仅仅只是蹲在地面捡拾东西的姿态，很多时候在沟通的环节当中也会运用到蹲姿。当人与人之间交往出现障碍时，大部分事件并非因为问题本身的分歧难以解决，而是没有采用恰当的交流方式。如果在航班上需要跟旅客长时间的交流，或者是在处理服务投诉类案例时，蹲姿往往可以很好地消除人与人之间的芥蒂。有时一个手势、一个微笑、一个不经意间的举动就会化解矛盾。

1. 高低式蹲姿

这种姿态男女都适用，而且非常适合在日常的工作场合使用。具体做法为：右脚向后撤一个脚位的距离，脚尖着地，身体保持平衡下蹲，蹲下后左腿高右腿低，左脚全掌着地，左腿小腿与地面保持垂直，右脚脚尖着地，形成左高右低的姿势；反之亦然。

女士采用这种蹲姿时两膝不要分开，注意保护自己的隐私。原则上东西在哪一侧，哪条腿就低，顺手将东西拾起。蹲姿拍照时将高的一侧腿对外，低的一侧朝里，双手叠放于裙沿边。（见图 3-25）

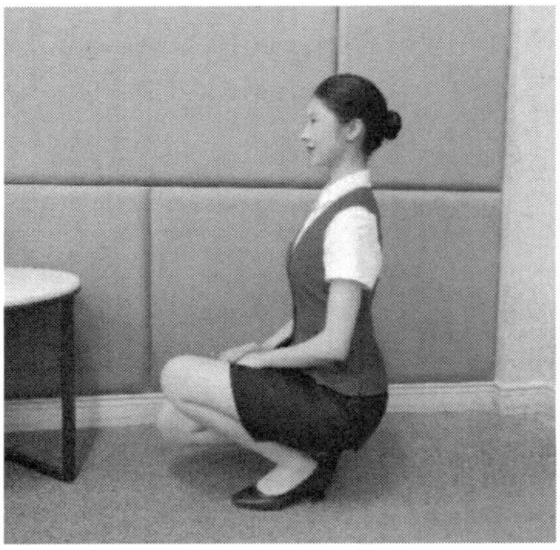

图 3-25　女士高低式蹲姿

男士采用这种蹲姿时，双手五指并拢，顺着裤沿边滑下，双手轻放于膝盖上，身体尽量与地面保持垂直。（见图 3-26）

图 3-26　男士高低式蹲姿

2. 交叉式蹲姿

这种姿态只适用于女性。右腿向左后方迈步，脚尖着地，右腿膝盖与左腿膝关节内侧相贴，双腿交叉，下蹲时手抚裙。蹲下后身体保持平衡、直立，反之亦然。（见图 3-27）

图 3-27　交叉式蹲姿

3. 蹲姿礼仪

（1）下蹲时，要有目光示意，不要唐突，令对方不知所措。

（2）蹲姿起身时，不要用手撑着大腿站起，应该依靠大腿发力，身体向上延伸自然站起来。整个过程应轻松、自然。

（3）蹲姿是否优美不取决于哪条腿在前，哪条腿在后，而是取决于下蹲的速度、方向和姿势。平时多训练腿部力量，保持良好的蹲姿习惯，就会在不经意间展示出个人的从容大方和端庄。

三、手势与鞠躬

（一）手势

手势礼仪是人们在社交活动中表达思想、传情达意时，双手所呈现的具体动作和体位姿势。它是静态美和动态美的结合，也是人的第二张脸。在服务中，使用规范、恰当、适度的手势，有助于增强表情达意的效果，给人一种优雅、含蓄、礼貌、有修养的感觉。

1. 规范手势（见图 3-28）

（1）五指伸直并拢，注意拇指紧贴食指关节。

（2）腕关节伸直，手与前臂呈一条直线，注意肘关节既不要呈 90°直角，也不要完全仲直，弯曲 140°为宜。

（3）掌心斜向上，手掌与地面呈 45°角。

（4）身体稍前倾，肩下压，眼随手走。

（5）运用手势时，要伴随语言，先语言后动作。

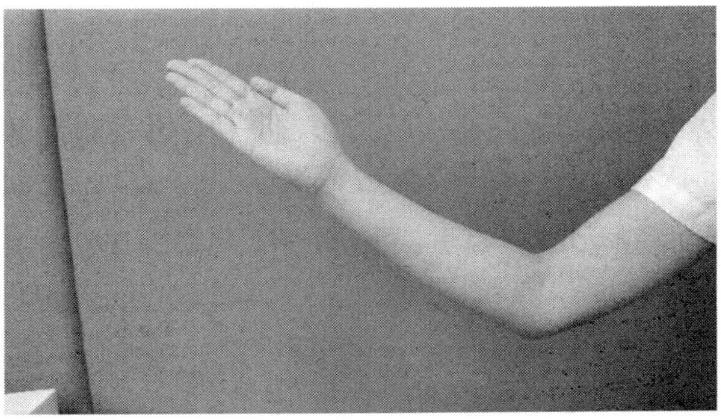

图 3-28　规范手势

2. 常用手势

（1）低手位：通常表示请坐。以右手为例，五指伸直并拢，手臂由腹前抬起，以肘关节为轴，在腰际以下，手指向座位方向，眼睛看向来宾，面带微笑，可伴随“您好，请坐”“小心台阶”等语言。（见图 3-29）

图 3-29　低手位

（2）中手位：一般为迎接，表示请进。以右手为例，五指伸直并拢，以肘关节为轴，手从腹前抬起向右侧摆动至身体右前方，手的高度在腰际和胸之间，身体微微向右倾斜，眼睛看来宾方向，面带微笑，可伴随“您好，里面请”等语言。（见图 3-30）

图 3-30　中手位

（3）高手位：通常指向高处。以右手为例，五指伸直并拢，手臂由腹前抬起，低于头略高于肩，手指向要明确，眼睛看向所指方向，可伴随“您好，座位号在行李架上方”等语言。（见图 3-31）

图 3-31　高手位

（4）曲臂式：通常表示“里面请”。当左手拿着物品，或推扶房门、电梯门，而又需要引领来宾时，即以右手五指伸直并拢，从身体的侧前方，由下向上抬起，上臂抬至离开身体 45° 的高度，然后以肘关节为轴，手臂由体侧向体前左侧摆动呈曲臂状，请来宾进去。

（5）“介绍”手势：为他人做介绍时，应手心朝上，手背朝下，四指并拢，拇指张开，手掌上抬至不超过肩的高度，并指向被介绍的一方，面带微笑。在正式场合，不可以用手指去指点或者拍打被介绍一方的肩和背。

（6）鼓掌：向客人表示赞赏、鼓励、祝贺、欢迎等情感时，可鼓掌。鼓掌时，用右手掌轻击左手掌，表示喝彩或欢迎，注意与主流掌声配合跟进，发出整齐划一的声音即可。

在服务过程经常会遇到为客户指引方向、邀请客人入座或提醒客人注意事项等，都需要用到礼仪手势去表达。礼貌的手势更直接、更准确、更有说服力地表情达意，体现乘务员的职业素养。服务时，切忌使用一个手指戳戳点点，这是极其不礼貌的行为，也会使服务形象大打折扣。

（二）鞠躬

鞠躬礼仪最早起源于中国的商代，那时人们将身体弯曲呈弓形，行祭天礼仪，表达对祭祀者的恭敬与虔诚。后来人们沿用这种形式来表示对位高者或长辈的尊敬与崇敬。鞠躬可以表达尊重之情、礼貌之意，表示谦虚、感谢，表达道歉之意。

1. 鞠躬的分类

我们将鞠躬分为 3 类：15°鞠躬、30°鞠躬、45°鞠躬。从 15°到 30°再到 45°，身体角度的递增表示情感表达的递增。15°鞠躬一般用于欢迎、问候、送别；30°鞠躬用于表达感谢；45°鞠躬用于表示歉意、道歉。不同的场景应采用不同类型的鞠躬方式，以准确表达用意。

2. 鞠躬的动作要领

（1）女士鞠躬：前腹式站姿，脚位呈“V”字或“丁”字步，以髋关节为轴，上身保持直立随轴心运动向前倾斜，手部动作不变，头部、颈部、背部在一条直线上，下颌骨微收，目光随之落在自己脚尖前 1~2 米处。行礼后稍做停顿 1~2 秒，再慢慢抬起。（见图 3-32）

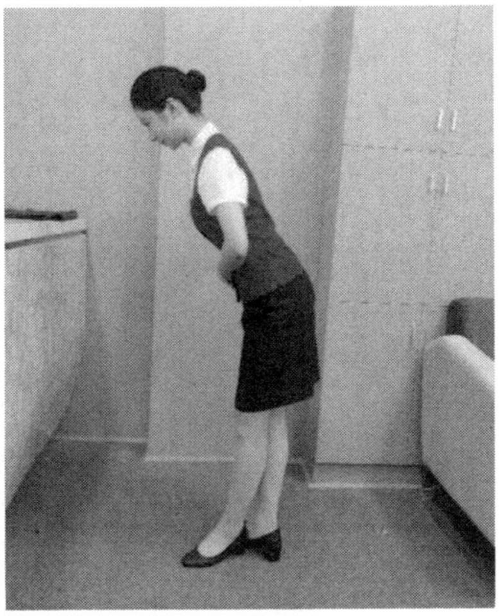

图 3-32　女士鞠躬

（2）男士鞠躬：垂臂式站姿站好（如鞠躬前是前握式或者后握式站姿应先将双腿并拢，双手自然垂于体侧），以髋关节为轴，上身随轴心运动向前倾斜，手部动作不变，头部、颈部、背部在一条直线上，下颌骨微收，目光随之落在自己脚尖前 1~2 米处。行礼后稍做停顿 1~2 秒，再慢慢抬起。（见图 3-33）

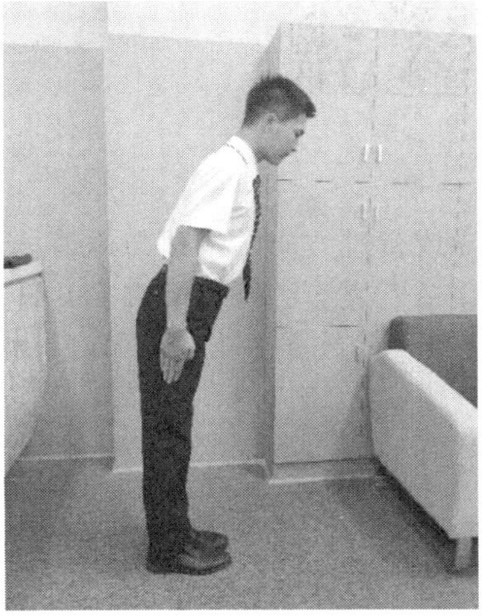

图 3-33　男士鞠躬

3. 鞠躬顺序及礼仪

（1）乘务员应主动向旅客行鞠躬礼，旅客以欠身、点头或者微笑还礼。

（2）行鞠躬礼时应先语言后动作。例如：15°鞠躬时应先说：您好，欢迎乘机，再行鞠躬礼。

（3）一般而言，鞠躬礼只行一次就好，不必反复行礼。

思考与练习

1. 引导员离客人多远合适？
2. 引导时需要注意哪些问题？
3. 简要介绍鞠躬的顺序。
4. 走姿的动作要领有哪些？
5. 坐姿礼仪有哪些？具体怎样做？

任务三　礼仪姿态在服务中的运用

服务人员大多都非常注重个人形象，因为他们是展示企业的一张名片，而良好的职业形象绝不单指大方的妆容和得体的穿着，还包括优雅的身体语言。规范得体的礼仪姿态不仅能够提升个人形象，也能提高企业的整体形象。

【**小故事**】银行里的服务

一、引导礼仪

接待客户时，通常需要为客户做引导或行进方向的指引与邀请。迎接客户时，简短的问候之后一般会说“里面请”“这边请”“您请”之类的引导语言，并且通过一系列细微的肢体语言进行明确引导。

（一）引导位置

引导人员原则上应站在客户的左前方，距客户 0.5~1.5 米处，展现“以右为尊、以客为尊”的服务理念。客户人数越多，引导的距离也应该越远，以免有厚此薄彼、照顾不周之嫌。

（二）引导语言

引导客户时要有明确而规范的引导语言“您好，这边请”。如果需要转弯则说“您好，请左转”。在引导过程中要尽量使用敬语，以表达对客户的尊重，还要始终注意语言的交流，并且关注客户的表现，及时做出提醒。

（三）引导手势

在引导时，大多使用“中手位”手势：四指并拢，拇指靠向食指，手掌伸直，由身体一侧自下而上抬起，以肩关节为轴，到腰和肩之间的高度再由身体左前方或右方（视指引方向和客人位置而定）摆动，手臂摆到身体 15 厘米，目视来宾，面带微笑。

（四）引导标准

1. 走廊处

行进于走廊时，引导人员应走在客户一两步之前，让客户走在道路的中央线，自己则走在走廊一侧，与客户保持一致，要时刻注意后面，走到拐角处，一定要先停下来，转过身说“您这边请”，然后继续行走。如果引导人员走在内侧则应放慢速度，如走在外侧则应加快速度。如遇有转弯时，应做出手势及时为客户做出方向引导。

2. 楼梯处

当引导客户上楼时，应该让客户走在前面，接待人员走在后面；若下楼时，接待人员应走在前面，让客户走在后面。上下楼梯时，接待人员应该注意提醒客户注意安全。走到每一层时一定要先停下来说“这是第×楼”，然后再继续引导前行。

上下楼梯指引

注意：女士引领男宾，宾客走在前面；男士引领女宾，男士走在前面。

3. 电梯处

（1）引导至电梯口。如果只有一位客户，引导人员用靠近电梯按钮一侧的手指按动按钮，请客人进入，客户进入后道别。如果有两位以上的客户，引导人员与电梯门呈 90°角站立，用靠近电梯门一侧的手护梯，另外一只手用曲臂式邀请客人进入。

（2）陪同进入。如只有一位客户或上下电梯，则让客户先上下。引导人员用靠近电梯按钮一侧的手指按动按钮，请客户进入，然后紧随进入后，站到电梯内控制钮附近，身体背对电梯壁，与电梯门呈 90°角。如有两位以上客户乘坐电梯，则应先说“不好意思，请稍等”，然后走进电梯，按住按钮开关，用另外一只手邀请客户进入。下梯时，按住按钮开关说“您先请”。等客户都走出去后，再走出去继续引导。

电梯引导礼仪

4. 会客厅处

引导人员用中手位手势引导客户前行，在行进途中需要及时用低手位手势提醒客户小心行走，以避免客户被湿滑的地面滑倒。当客户走入会客厅后，接待人员用低手位手势示意客户坐下，看到客户坐下后，才能行点头礼离开。

5. 开门和关门（视频）

引导客户时，如果是手拉门，引导人员应先拉开门说“请稍等”，再用靠近把手的手拉住门，站在门旁，开门后用曲臂式手势请大家进门，自己将门关上后再进屋。如果是手推门，引导人员推开门后要说“不好意思，请稍等”，然后先进屋，握住门后把手，用中手位手势请客户进来。这时身体一般应在门外，不应仅从门后探出头。

进出门指引

（五）引导注意事项

（1）引导人员的步调要适应客户的速度，避免让客户小跑跟着引导人员，也不能太慢，导致客户步伐犹豫。

（2）引导时，不要在门口、机场出口、车站出口等地方停留时间过长，应及时引导客户行走，避免走散，时时关注客户是否在视线内，以免出现引导人员自己到达、客户仍未到达的尴尬局面。

二、行走礼仪

1. 两人同行

行走的规则是“以右为尊、以前为尊”。比如和客户或上司一同行走时，就应站在他们的左侧，以表示尊重。如果是一位男士和一位女士同行，就应该遵循男左女右的原则。

2. 三人同行

（1）如果是同性别，以中间的位置为尊，右边次之，然后是左边。

（2）如果是一位男士和两位女士同行，那么男士应在最左边的位置。

（3）如果是一位女士和两位男士同行，则女士站在中间。

3. 多人同行

如果是很多人一起行走时，以前为尊，按照此原则排序。

服务是一项综合技能的集中体现，并不单单只是良好的沟通技巧、灵敏的服务反应。拥有一个良好的服务姿态至关重要，是提升服务档次的重要依据。

思考与练习

综合场景一：

某证券公司的客户经理小申陪同客户去银行办理业务，该银行位于高档写字楼，电梯中有人值守，小申有些无措，不知该如何展现自己的礼貌，他也不好抢着操作电梯，电梯里还有人，这让他很难体现出对客户的尊重。

思考：针对上文所述情况，引导人员怎样做才能更得体？如果你是客户经理，你会怎样做？请模拟出来。

综合场景二：

苏小姐打算跳槽，因为他有丰富的人力资源管理经验，不少企业都邀请她面试。一天，苏小姐前往一家外资企业面试，她对这家企业非常感兴趣，希望能够面试成功。来到前台，接待人员礼貌询问，并通过电话让力资源经理核实，之后就继续做其他工作了。这让苏小姐很纳闷，此刻的局面让她颇为尴尬。大概十几分钟过去了，苏小姐有些不悦地说："怎么回事？经理怎么说，你不能有个回复吗？理也不理，你就自顾自地忙了。"

思考：如果你是前台的接待员，你会怎样做？请模拟出来。

任务四　礼仪姿态综合运用实训任务

一、站姿、走姿、蹲姿训练

1. 站姿训练

（1）热身、活动关节、拉伸运动、活动脸部肌肉保持微笑。

（2）站姿基础姿态训练：双腿并拢，脚后跟并拢，小腿膝盖间夹一张 A4 纸，双腋下夹一张 A4 纸，保持基础站姿体态，目视前方，面带微笑。

（3）女生前腹式站姿、男生后握式站姿训练：保持体态，面带微笑，目视前方。

（4）女生交谈式站姿、男生前握式站姿训练：保持基础体态，面带微笑，目视前方。训练期间放点音乐，以免枯燥，练习微笑时可采用牙齿咬筷子的方式，帮助打开颧骨肌肉。

2. 走姿训练

（1）女士走姿：步履轻盈优雅，步伐适中，不快不慢。步幅一般在 30 厘米左右，每分钟

118~120 步。女士行走时，两腿内侧在一条直线上，双腿内膝相擦，收腹提臀、展肩、下颌微收，面带微笑，目视前方。

（2）男士走姿：步履刚健有力，不慌不忙，步幅一般在 50 厘米左右，每分钟 108~118 步。男士一般走姿为平行步，要领为双腿各踏出一条直线，步伐轻快不乱。

（3）原地摆臂训练：原地保持基础站姿，头正、肩沉、挺拔、双腿并拢，面带微笑，目视前方，双臂以肩为轴，以身体为中心，前后自然摆动。前摆约 35°，后摆约 15°，手掌朝向体内。

（4）行走训练 1：半脚尖行走训练法。行走时，双脚脚背直立，脚后跟抬起，双手背手，展肩，面带微笑，目视前方。身体各部分肌肉收紧和平衡力的训练对走姿尤为重要，半脚尖行走，不仅可以保持身体的收紧还可以有效训练学员的平衡能力，为之后的走姿训练打好基础。

（5）行走训练 2：顶书行走训练。将书顶在头部，自然行走。行走时，保持书本不从头顶掉下。

3. 蹲姿训练

下蹲时，应自然、得体、大方，两腿合力支撑身体，保持平衡，上身收紧，保持直立。

（1）原地练习：学员根据老师口令做出两种蹲姿（男士只做高低式蹲姿），高低式和交叉式蹲姿。为了训练身体的平衡性，可以将书顶在头上，进行训练。

（2）情景模拟。

情景一：捡拾地面东西。

情景二：在客舱中为无成人陪伴的小旅客讲解服务设备组件。

4. 考核评价表（见表 3-1）

表 3-1　姿态考核评价表

<table>
<tr><th>考核项目</th><th colspan="2">考核内容</th><th>分值</th><th>得分</th><th>备注</th></tr>
<tr><td rowspan="3">微笑</td><td rowspan="3">三度微笑技巧：微笑表达准确、真诚、不虚假</td><td>一度微笑</td><td>5</td><td></td><td></td></tr>
<tr><td>二度微笑</td><td>5</td><td></td><td></td></tr>
<tr><td>三度微笑</td><td>5</td><td></td><td></td></tr>
<tr><td>眼神</td><td colspan="2">眼神是否自然、具有亲和力</td><td>5</td><td></td><td></td></tr>
<tr><td rowspan="3">站姿</td><td rowspan="3">站姿技巧：身体挺拔，没有高低肩、驼背、含胸，腿型保持状态良好</td><td>基础站姿（垂臂式站姿）</td><td>10</td><td></td><td></td></tr>
<tr><td>前腹式站姿（后握式站姿）</td><td>10</td><td></td><td></td></tr>
<tr><td>交谈式站姿（前握式站姿）</td><td>10</td><td></td><td></td></tr>
<tr><td>走姿</td><td colspan="2">走姿技巧：淡定、从容、阳光、自信</td><td>20</td><td></td><td></td></tr>
<tr><td rowspan="2">蹲姿</td><td rowspan="2">蹲姿技巧：自然、平稳</td><td>高低式蹲姿</td><td>15</td><td></td><td></td></tr>
<tr><td>交叉式蹲姿</td><td>15</td><td></td><td></td></tr>
<tr><td colspan="3">合计</td><td>100</td><td></td><td></td></tr>
<tr><td colspan="6">还应注意的问题：</td></tr>
</table>

二、坐姿、手势及鞠躬训练

（一）坐姿训练

1. 女士坐姿训练

（1）准备姿态：站在凳子的左后方，准备入座。

（2）正位坐姿：落座后，身体重心朝下，上身垂直于凳面，大小腿间的夹角为 90°，双膝并拢，双手相交叠放于腿上，双臂自然弯曲，面带微笑。

（3）双腿斜放式坐姿：落座后，身体重心朝下，上身垂直于凳面，双腿并拢，大腿与小腿夹角呈 90°，平行斜放于身体一侧，双手相交叠放于大腿上，双臂自然弯曲，面带微笑。

（4）双腿交叉式坐姿：落座后，身体重心朝下，上身垂直于凳面，双腿并拢，大腿与小腿夹角呈 90°，平行放于身体一侧，双脚在脚踝处交叉，双手相交叠放于大腿上，双臂自然弯曲，面带微笑。

（5）前后式坐姿：落座后，身体重心朝下，上身垂直于凳面，双膝并拢，左脚前伸右脚后屈或右脚前伸左脚后屈，双手相交叠放于大腿上，双臂自然弯曲，面带微笑。这种坐姿适合久坐，不会让身体感觉劳累。

（6）前搭式坐姿：落座后，身体重心朝下，上身垂直于凳面，先将左脚向左侧伸出 45°，然后将右腿抬起放在左腿上，大腿和膝盖紧密重叠，小腿并拢呈一条直线，双手相交叠放于大腿上，面带微笑；反之亦然。

2. 男士坐姿训练

（1）准备姿态：站在凳子左后方，准备入座。

（2）正位坐姿：落座后，身体重心朝下，上身垂直于凳面，两腿分开略窄于肩，小腿与大腿夹角呈 90°，双手分开自然放在双腿之上，双臂自然弯曲，面带微笑，呈自信、阳光之感。

（3）重叠式坐姿：在正位坐姿的基础上，将右腿抬起放于左腿上，双手叠放于大腿上，膝盖和大腿尽量重叠，不能将腿架“4”字。

（二）手势训练

（1）准备姿态：女士前腹式站姿、男士后握式站姿，面带微笑，目视前方。

（2）原地姿态训练：

横摆式：“横摆式”手势一般用于迎接，表示请进。以右手为例，五指伸直并拢，以肘关节为轴，手从腹前抬起向右侧摆动至身体右前方，手的高度在腰际，身体微微向右倾斜 眼睛看来宾方向，面带微笑，可伴随“您好，里面请”等语言。

直臂式：“直臂式”手势通常表示“请往里走”。以右手为例，五指伸直并拢，手臂由腹前抬起，高度在胸骨旁，手肘微弯，手指向行进的方向，眼睛要兼顾所指方向和来宾，面带微笑，直到来宾已清楚方向再将手放下，可伴随“您好，请往里走”等语言。

斜臂式：“斜臂式”手势通常用于指高处。以右手为例，五指伸直并拢，手臂由前腹抬起，与肩同一高度或略高于肩，手指向要明确，眼睛看所指方向，可伴随“您好，这是您的行李架”等语言。

斜摆式："斜摆式"手势通常表示"请坐"。以右手为例，五指伸直并拢，手臂由腹前抬起，以肘关节为轴，在腰际上下摆动，手指向座位方向，眼睛看向来宾，面带微笑，可伴随"您好，这是您的座位"等语言。

（3）情景模拟训练：学员根据不同的情景做出不同的口令以及姿态反应。例如：旅客登机、迎客、引领入座、介绍行李架、致谢等。训练时，注意先语言，后动作。

（三）鞠躬训练

（1）准备姿态：女士前腹式站姿、男士后握式站姿，面带微笑、目视前方。

（2）原地姿态训练：

15°鞠躬：表示欢迎的意思。以髋关节为轴心，头部、颈部、背部保持一条直线，上身前倾 15°，眼看脚尖前 1~2 米处。先语言后动作。

30°鞠躬：表示感谢的意思。以髋关节为轴心，头部、颈部、背部保持一条直线，上身前倾 30°，眼看脚尖前 1~2 米处。先语言后动作。

45°鞠躬：表示致歉的意思。以髋关节为轴心，头部、颈部、背部保持一条直线，上身前倾 45°，眼看脚尖前 1~2 米处。注意表情的变化，先语言后动作。

（3）情景模拟：学员按照教员给出的场景提示，做出正确的动作反应。

（四）考核评价标准（见表 3-2）

表 3-2　姿态考核评分表

考核项目	考核内容		分值	得分	备注
坐姿	坐姿技巧：臀部坐于椅子 2/3 处，身体挺拔、端庄	正位坐姿	10		
		斜放式坐姿	10		
		前搭式坐姿	10		
手势	手势技巧：五指并拢、指向准确、眼神方向、伴随语言，先语言后动作	横摆式	10		
		直臂式	10		
		斜臂式	10		
		斜摆式	10		
鞠躬	鞠躬技巧：动作准确、身体呈一条直线、下颌微收、目光看脚下、先语言后动作	15°鞠躬	10		
		30°鞠躬	10		
		45 °鞠躬	10		
合计			100		
还应注意的问题：					

三、礼仪姿态编排及考核

1. 任务要求

将学员分组，根据所学礼仪姿态，编排成一套完整的姿态展示。每组展示时间不能少于两分钟，可配合音乐和情景。

小组礼仪姿态展示

2. 考核评价标准（见表 3-3）

表 3-3　礼仪操考核评分表

考核内容	考核要点	分值	得分	备注
仪容仪表	发型、化妆、首饰佩戴符合要求，皮鞋光亮，着装得体，手、指甲干净	10		
目光表情	目光柔和、专注、真诚，表情自然、真诚，面带微笑并富有感染力	10		
站姿	头正，肩平，目视前方，挺胸收腹，两腿挺直；身体重心落在两腿正中，身体线条优美、自信阳光	10		
走姿	自然稳健，目视前方；挺胸收腹，身体平稳，两臂自然下垂，前后自然摆动。步位直，步幅适度，步速平稳	10		
蹲姿	控制身体，不可左摇右摆；下蹲、起身动作流畅；女士双腿紧靠，男士双腿可适度分开	10		
坐姿	遵循“左进左出”原则。入座轻，离座稳；头正、身体挺拔、双肩水平，坐椅子 2/3 处	10		
手势	站姿正确，身体挺拔，五指并拢，指向明确，有语言伴随，先语言后动作	15		
鞠躬	站姿正确，身体挺拔，头部、颈部、背部在一条直线上，伴随语言，先语言后动作，鞠躬姿态准确	15		
整体表现	动作标准、整齐、情景编排合理	10		
合计		100		
还应注意的问题：				

项目三课后作业

项目四

服务礼仪

项目导论

服务就是为他人利益或为某种事业而工作，以满足他人需求的价值双赢的活动。这是一个“客户至上”的时代，我们不但要为客户提供让其满意的产品，更需要提供能够让客户满意的服务。礼仪化的服务则是客户和企业一直追求的高品质服务，因此，重视服务工作，以诚恳的态度、良好的技巧、规范的流程和高品质的服务打动客户，才是企业获得长远发展的有效途径。

学习目标

通过本章节的学习，学生应掌握服务礼仪的含义及其重要性，明确良好的服务礼仪的基本要求，掌握服务人员应具备的基本素质要求，并能够在服务工作中以正确的礼仪知识指导实践。

课时分配

序号	名称	总课时	理论课时	实践课时
1	服务礼仪概述	1	1	0
2	主动服务意识	1	1	0
3	会面与接待礼仪	4	2	2
4	餐厅与会议服务	4	2	2
5	庆典与宴会服务	4	2	2
6	VIP 服务	2	1	1

任务一　服务礼仪概述

一、服务的概念

服务是能满足他人某种需求的特殊礼仪行为。通俗来讲，服务就是一方向另一方提供的一项活动或利益，通过提供服务为另一方解决问题，赢得另一方的满意，同时自己也会为使另一方满意而感到满足。“赠人玫瑰，手有余香”，放在服务的定义上，也可以理解为，服务他人的同时，自己也能获得满足感。

服务的英文是 service，这个单词的每一个字母都代表着特定的含义，分别是微笑（smile），出色（excellent）、做好准备（ready）、邀请（invite）、创造（create）、目光（eye）。

（1）微笑：服务人员要对每位顾客提供微笑服务。

（2）出色：服务人员要将每一项细微服务都做得出色。

（3）做好准备：服务人员要随时准备好为客人提供服务。

（4）邀请：服务人员在每一次服务结束前都要邀请客人下次光临。

（5）创造：服务人员要精心创造出使客人能享受其热情服务的氛围。

（6）目光：服务人员要始终用热情友好的目光关注客人，预测客人的需求，及时提供服务，使客人时刻感受到服务人员在关心自己。

而礼仪作为一种行为规范和服务规范，对于服务品质的提升具有重要的意义和作用。

二、服务的特性

尽管各行各业的服务之间有很多区别，但实际上，不同服务之间仍然有许多共同之处。

1. 无形性

服务产品与实物产品不同，往往不是实体，具有无形性。有些情况下，服务会和一些物质形态有关系，但是这些物质只是服务产品的载体。比如，乘坐飞机时，购买的不是飞机座位而是旅行服务，飞机座位在某一时间段的使用权是承载旅客购买的旅行服务的载体。

2. 不可储存性

一项服务的好坏往往是与它的生产同时发生的，因而服务通常是无法储存的。比如，飞机起飞后，空座位也就不能再销售了。由于服务的不可储存性，服务能力的管理对于服务运作非常重要，服务能力不足，就会带来机会损失；服务能力过剩，就会造成成本浪费。

3. 不可分离性

服务的过程同时也是办理业务的过程，满足顾客需求的同时也向客户展示了我们的服务。

4. 异变性

服务通常是非异变的，因为它依赖于由什么人提供服务，在何时何地提供服务，对何种类型的顾客提供服务，这些只有靠服务人员自己去不断摸索。

三、服务礼仪的作用

1. 良好的礼仪有助于树立企业形象

企业的每个员工都是企业的代言人，通过个人形象的展示，可以展现出企业的风采。每位客户服务人员都以良好的礼仪形象出现在客户面前，便形成了企业的整体形象。

2. 提升服务价值

以良好的礼仪接待每一位客户，从而达到优质服务这一目的，使企业在日益激烈的市场竞争中，以服务争取市场份额，培养忠诚客户。

【小故事】服务礼仪案例

3. 创设良好的沟通先机

首轮效应告诉我们，人们对于某人、某事、某物所形成的第一印象，主要来自彼此交往接触之初获得的某些重要信息，依次来对对方做出一个基本判断。如果能够建立良好的第一印象，也就意味着为接下来的沟通创造了顺畅的渠道。

比如我们逛街时，经常会看到有店员站在门口的凳子上拍着手叫喊“走过路过，千万不要错过，进来看看”，这会让我们觉得他家像路边摊。嘈杂的环境也会让我们觉得他家的衣服质量不好。对于一个服务或销售人员来说，直接影响消费者对他的第一印象的制约因素包括仪容、仪表、仪态及语言等。显然，店员站在凳子上拍手叫喊这个动作妨碍了品牌良好的第一印象的建立。

思考与练习

1. 请找出自己生活中一次特别满意的服务经历，并进行分析。
2. 找出自己生活中一次不满意的服务经历，并进行分析。

任务二　主动服务意识

服务意识是服务人员的感觉，又是服务人员在自己所在服务岗位上必须做到的一些基本要求，也是职业道德的反映，表现为对客人有求必应、不厌其烦以及爱岗敬业、忠于职守。服务意识发自服务人员的内心自觉主动做好服务工作的一种观念和愿望。

一、服务意识的内涵

服务意识是发自服务人员内心的，是服务人员的一种本能和习惯。因此，服务本身就是一项重要的意识。心理学将意识定义为人的一种本能，精神分析学派创始人奥地利著名心理学家弗洛伊德在他的研究结果中，将意识直接归属到“自我”范畴中，指明意识是可以通过培养、教育训练形成的个性心理特征。

服务意识有强烈与淡漠之分，有主动与被动之分。这是认识程度问题，认识深刻就会有强烈的服务意识；有了强烈展现个人才华、体现人生价值的观念，就会有强烈的服务意识；有了以公司为家、热爱集体、无私奉献的风格和精神，就会有强烈的服务意识。

正确的服务意识有以下四个要点：

（1）自知之明：量力而行，恪尽职守。

（2）善解人意：了解人、尊重人，了解自己的服务对象。

（3）无微不至：小处决定素质，细节决定成败。

（4）不厌其烦：满足要求，有始有终。

二、服务意识的重要性

服务意识在服务领域中的地位不言而喻，提高服务意识和服务技巧才能真正地提高服务质量。

服务的宗旨是满足旅客的心理需求。满足旅客心理需求的唯一途径就是在服务意识的引领下，通过服务技巧来达到这一目标。因为服务意识是服务人员了解与掌握旅客心理需求的前提，只有在这一前提下服务技巧才有真正发挥的余地，才能为服务增添色彩。服务意识是灵魂，服务技巧是手段，没有良好的服务意识，就难以有高超的服务技巧。只有不断地提高服务意识才会使服务技巧不断提高，只有这样才能真正提高服务质量、提高服务水准。

【小故事】服务意识的力量

三、民航服务意识

民航运输是服务性行业，宾客至上是此行业的最基本特点，安全与服务是民航运输的灵魂与精华，偏离服务意识的民航运输只能是一种运输工具，保障旅客安全的前提下为旅客服务才能体现民航服务人员全部的工作内容。尽管民航运输牵涉的部门和领域较多，其基本工作职责都不一样，但每个部门和领域所做的工作的目的却很清楚，那就是给旅客提供安全舒适的运输服务。

（一）树立正确的服务意识

积极、主动、用心地为旅客服务，是必须倡导的服务意识。在这一服务意识下，只要旅客的要求和行为不违反法律、不违背社会公德以及不涉及飞行安全，服务人员都必须为旅客服务。

乐于被旅客“使唤”，并照做不误，就是民航服务中最正确的服务意识。服务的人必须暂时放弃个人的独立自主，全心全意去遵从另一方的价值观念。

经常听到一些空乘和地服抱怨“现在的旅客素质越来越差”“服务这碗饭真不好吃”“凭什么我要受旅客的气”等。这些员工最根本的错误就在于：没有明确自己的角色！总认为旅客是人，我们也是人。实际上，在对旅客服务的时候，服务的提供者永远不可能与旅客“平等”，这样的不平等被公共服务学定义为“合理的”不平等。

在民航服务中，应该这样理解平等：

第一，对所有旅客一视同仁、同等对待；

第二，所有旅客购票、订座、乘机机会均等；

第三，只要可能，应满足所有旅客的最基本的需要；

第四，旅客支付费用享受服务的满足，员工付出服务的努力，获取自己的工资收入。

（二）正确的服务意识在实际工作中的要求

1. 要充分理解旅客的需求

对旅客提出超越民航服务范围但又是正当的需求，要理解这并不是过分需求，而是自身服务产品的不足，所以应该尽量作为特殊服务予以满足。如果确实难以满足时，必须向旅客表示歉意，获得旅客的谅解。

2. 要充分理解旅客的想法和心态

对旅客在其他情境中受气而迁怒于服务人员，或因身体、情绪等原因而大发雷霆等出格的态度和要求，应该给予理解，并以更优的服务去感化旅客。

3. 要充分理解旅客的误会

由于文化、知识、经历等差异，旅客对民航的规则或服务不甚理解而提出种种意见，或拒绝合作，必须向旅客做出真诚的解释，并力求给旅客满意的答复。

4. 要充分理解旅客的过错

由于种种原因，有些旅客有意找碴，或强词夺理，必须秉承“旅客总是对的”的原则，把理让给旅客，给旅客留足面子。

正确的服务意识、强烈的服从观念，要求服务人员应始终把服务当成心爱的事业，把旅客当成心爱的人。为旅客提供精心的服务，投入真情，以真诚赢得旅客忠诚，最后达到价值双赢。

思考与练习

1. 学校学习生活中的哪些地方让你觉得有了服务意识的影子？
2. 养成服务意识最重要的因素有哪些？

任务三　会面与接待礼仪

接待与拜访礼仪是服务礼仪中一个重要的组成部分，体现在服务人员工作流程及服务品质两方面，具体包含仪容、着装、仪态、服务沟通、特色服务等内容。本任务主要就接待与拜访的基本礼节及工作程序进行学习，达到能够礼貌待客，为客人提供优质高效的服务，树立专业的服务理念，培养良好的服务规范。

一、会面礼仪

热情周到地迎接客人时，首先要站立向客人致意，以示欢迎，可行鞠躬礼或微笑点头，同时保持亲切友好的笑容，使用温馨合宜的招呼话语。在同客人招呼交谈时应注意：一是要使用生动得体的问候语；二是要使用简单明了的礼貌用语；三是使用客人易懂的话语；四是要积极响应客人的需求；五是要学会赞美客人；六是要特别注重语言禁忌。

（一）称呼礼仪

称呼是指人们在日常交往中彼此之间所采用的称谓语。在人际交往中，选择正确、适当的称呼，直接关系到双方之间的亲疏、了解程度、尊重与否、个人修养，甚至体现着关系发展所达到的程度。由于世界各国社会制度不一，各民族语言不同，风俗习惯各异，因此在称呼上也有很大差别。

在工作岗位上，人们彼此之间的称呼具有特殊性，但总体要求是庄重、正式、规范。具体包括以下几种类型：

1. 职务性称呼

职务性称呼一般在较为正式的活动中使用，要与交往对象的职务相称，以示身份有别、敬意有加，是一种最常见的称呼，如“张董事长”“李总经理”等。

2. 职称性称呼

对于具有职称者，尤其是具有高级、中级职称者，在工作中直接以其职称相称，如“张教授”“李总经济师”“王工程师”等。

3. 行业性称呼

在工作中，对于从事某些特定行业的人，有时可按行业进行称呼，可直接以对方的职业作为称呼，如“老师”“医生”“会计”“律师”等，也可以在职业前加上姓氏、姓名，如“张律师”“王医生”等。

4. 性别性称呼

对于从事商界、服务性行业的人，因对交往对象不熟悉或其他原因，可以直接按性别的不同分别称呼，对于男性称为“先生”，对于女性称为“小姐”“女士”。

一般而言，对未婚女性称呼为“小姐”，对已婚女性称呼为“女士”，对不明婚姻状况的女子或职业女性可统称为“女士”。这些称呼前均可冠以姓氏、职称等，如“王小姐”“李女士”等。

5. 姓名性称呼

在工作岗位上称呼姓名，一般限于同事、熟人之间，适用于年龄、职务相仿或好友之间的称呼，可以呼其名，如“张××”“李××”；也可以只呼其姓，一般在姓前加上“老、大、小”等前缀，如“老张”“小刘”等；或者只称其名，不呼其姓，这种称呼比较亲切，尤其是长辈称呼晚辈，在亲友、同学、邻里之间，也可使用这种称呼，如“小明”“小红”等。

6. 学衔性称呼

在工作中，以学衔作为称呼，可增加被称呼者的权威性，有助于增强现场的学术气氛，如“王博士”“张院士”等。

7. 称呼的注意事项

（1）初次见面要注意称呼。

第一次与人洽谈或见面，对对方要表示尊重，不宜直呼其名，应在姓氏后加职务或职称，如“张总经理”“王教授”等。初次见面对于仅有一面之缘者就称兄道弟，或者称其为“老板”等，都是不恰当的表现。

（2）慎用俗语和昵称。

在正式场合，不适宜使用“张哥”“王姐”“哥们儿”“姐们儿”等，虽然听起来亲切，但会显得不正规，缺乏严肃性。有些称呼因其庸俗低级，格调不高，甚至带有不良社会风气，在正式的交往中亦应禁用。

（3）正确使用地方性称呼。

在不同的地方，称呼所表达的意思也会有差异，使用时要注意地方色彩。例如，北京人喜爱称呼别人为“师傅”；山东人喜爱称呼别人为“伙计”。但是在南方某些地方，“师傅”是指出家人，“伙计”是指打工者。所以在称呼时，要注意民族和地域的不同，应根据被称呼者的交往习惯来选择称呼，以免造成误会。

（4）勿错误称呼。

常见的错误称呼主要是由于粗心大意产生的误读或误会，是十分失礼的。误读是念错对方的姓名，例如，我国百家姓中“仇”应发音为“qiú”而不能为“chóu”；“单”应发音为“shàn”而不能为“dān”；“查”，应发音为“zhā”而不能为“chá”；等等。对于不认识的姓名要虚心请教，及时更正错误读音。

误会是对被称呼者的年纪、辈分、婚否以及与他人的关系做出了错误判断。比如，将未婚女性称为“夫人”，就属于误会。如果需称呼不知未婚还是已婚的年轻女性，可以统称为“女士”。

（5）将绰号作为称呼。

在工作中，不能随便给人起绰号和称呼别人的绰号，特别是一些具有讽刺、侮辱性的绰号，更要严禁使用。一些绰号的称呼仅适用于非正式场合，或者熟人之间，不可在正式或社交场合称呼对方的小名、绰号。要注意称呼的感情色彩，使不同的交往对象都有被尊重之感。另外还要注意，不能拿别人的姓名开玩笑，尊重一个人，必须首先尊重他的姓名。

（6）缺少称呼。

称呼他人时，如果没有任何称呼，而以“喂”“嘿”“那边的”等取而代之，都是极不礼貌的。注意不要以“喂”“哎”“嘿”这样的方式去称呼对方，更不能不称呼对方直接进入谈话。选择称呼要合乎常规，要照顾被称呼者的个人习惯，需与多人同时打招呼时，要注意称呼的顺序。

（二）问候礼仪

所谓问候就是问好、问安，是人们以语言或动作向对方致意的一种方式。根据达尔文的理论，我们每天重复多次的某些问候语和一些非语言表达方式都是出自本能的表现。心理学家彼得·科利特对此也做过论述，他说：“在长期的社会文化发展过程中，人类的问候方式逐渐形成两大类：一种是表达敬意；另一种是在同等地位的人之间传达友情。”

1. 问候的礼仪规范

问候虽然只是打招呼、寒暄或是简单的三言两语，却代表着对他人的尊重。问候时，我们需要注意问候礼仪规范，主要包括问候的次序、态度、方式等。

（1）问候的次序。

在正式场合，问候一定要讲究次序，主要包括以下两种情况。

两人之间的问候，通常是“位低者先问候”，即身份较低者或年轻者首先问候身份较高者或年长者。如果是宾主关系，则主人应先向客人问候。

如果同时遇到多人，特别在正式会面的时候，这时既可以笼统地加以问候，比如说“大家好”，也可以逐个加以问候。问候次序可以由“尊”而“卑”、由“长”而“幼”地依次而行，也可以由“近”而“远”依次而行。

（2）问候的态度。

问候表达着对对方的敬意，态度上一定要注意以下几个方面。

① 要主动：问候他人时，要积极、主动；当别人首先问候自己时，要立即予以回应，不要不理睬地摆架子。

② 要热情：问候他人时要热情、友好、真诚，不要面无表情或者表情冷漠。

③ 要自然：问候他人时要自然、大方；矫揉造作、神态夸张，或者扭扭捏捏，都会给人留下虚情假意的印象。

④ 要专注：问候他人时要面带微笑，与他人有正面的视觉交流，做到“四到”，即“眼到、口到、心到、意到”；要专心致志，不要在问候对方时目光游离、东张西望或眼睛看别处，这样会使对方感到不舒服。

（3）问候的方式。

不同的场合有不同的问候方式，可以口头问候，也可以书信问候或者以电话、电子邮件问候。

① 语言问候。

语言问候是表达感情的一种方式。普通熟人相见，按平时的称谓称呼一下，如“王老师”“王叔叔”等，以表示关心和热情。一般来说，使用频率最高的问候语是“你好”或“您好”。常见的问候语有“您好”“早安”“晚安”“好久不见，您近来好吗”“认识您很高兴”等。简单的一句问候，顷刻间拉近了人与人之间的距离，让人感到舒心、贴心。

② 动作问候。

人们的情感也可以通过一定的动作来表达，即动作问候。动作问候包括点头、微笑、握手、拥抱、鞠躬等。在环境热闹或双方距离甚远的情况下，微笑招手是一种常用的问候方式；在多数东方国家，如日本，鞠躬是一种常见的问候方式；欧洲国家则更多地偏爱拥抱礼节；希腊和罗马在问候方式上非常接近，都保持着握手的习惯。

2. 问候的内容

可以根据问候内容不同分为直接式问候和间接式问候，分别适用不同场合。

（1）直接式问候。

直接式问候是直接以问好作为问候的主要内容。它适用于正式的交往场合，特别是在初次接触的商务及社交场合，如“您好”“大家好”等，也适用于宾主双方初次见面时的问候。

（2）间接式问候。

间接式问候是以某些约定俗成的问候语，或者在当时条件下可以引起的话题来问候，主要用于非正式、熟人之间的交往。例如，以“最近过得怎么样”“忙什么呢”“您去哪里”等，来代替直接式问候。

二、接待礼仪

在商务活动中，接待是很重要的一个环节，是为商务活动打下良好基础的重中之重。因为接待是商务活动的开始，而“良好的开始是成功的一半”。

商务接待是商务工作人员的一项重要工作内容。如果想以主人的有利身份，对商务往来起到更好的促进作用，就必须熟知商务接待礼仪。

（一）接待前的准备

为了表现出良好的礼仪和风度，在宾客到来之前，需要充分做好接待准备。

1. 了解情况

一定要充分掌握接待对象的基本状况，这是做好接待工作的前提。在了解来宾的具体人数时，不仅要求准确无误，而且应了解对方由何人负责、来宾之中有几对夫妇、来宾此前有无正式来访的记录等。如果来宾尤其是主宾此前进行过访问，则在接待规格上要注意前后协调一致。无特殊原因时，一般不宜随意在迎宾时升格或降格。来宾如能报出自己一方的计划，如来访的目的、行程、要求等，在力所能及的前提下，应当在迎宾活动中兼顾来宾一方的特殊要求，尽可能地予以满足。

2. 掌握时间

作为接待者，事先一定要弄清并记住来宾来访的具体日期和时间，以便进行日程安排。日程安排应考虑对方的愿望、风俗习惯、宗教信仰等。日程安排要求详细、具体。确定后，如果是外宾，应译成来宾使用的文字，并打印好，供对方使用。

3. 按规格接待

接待规格的高低表现在安排活动的多少、场面规模的大小、招待的档次、迎送陪同人员职务的高低等方面。具体确定哪种接待规格，要根据来宾的情况和自己的情况来确定。

4. 交通食宿准备

迎接来宾，首先应提前为来宾准备好交通工具。要事先与公司交通部门联系好，核实来宾的班机或车次的抵达时间，安排好迎送车辆，预订好来宾下榻的客房及膳食。不要等到来宾到了才匆匆忙忙准备交通工具和食宿，这样会因让来宾久等而误事。如果对所接宾客不熟悉，又无己方陪同人员同机（车）到达，则要准备好接站牌，并且要提前抵达迎接地。对身份比较高的外宾应准备好鲜花。

（二）接待室的布置

商务接待室的环境布置很重要。选择接待环境，一般看自己是否感到有压力，如果有，说明环境是不利的。不利的场合包括：嘈杂的环境，极不舒适的座位，接待房间的温度过高或过低，不时地有外人搅扰，环境陌生而引起的心力交瘁感，以及没有与同事私下交谈的机会，等等。这些环境因素会影响来宾的体验感，不适合作为接待场所。

1. 光线与色彩

光照应以自然光源为主，如使用人造光源，宜使用顶灯、壁灯。色彩最多不能超过 3 种。主色调的上佳之选是乳白、淡蓝、浅绿色。灯光一定要充足，所有灯都要点亮。

2. 温度与湿度

温度是指室内空调的温度应配合季节及气候调整，让宾客感觉舒适。一般来说，室内温度以 22℃左右为最佳，相对湿度以 50%左右为最适宜。

3. 安静与卫生

接待达到安静的基本措施有：铺放地毯，窗户上安装双层玻璃，桌上、茶几上摆放茶杯垫子。此外，尽可能避免使用噪声大的电器。

4. 室内陈设

室内陈设的原则是：务求实用，以少为佳，完整无缺。

（三）迎接来宾礼仪

对如约而来的客人，要表示热情、友好。

1. 接站

掌握客人到达的时间，保证提前 15 分钟等候在车站、机场，恭候客人的到来，绝不能迟到，让客人久等。客人看到有人来迎接，内心必定感到非常高兴；若迎接来迟，必定会给客人心里留下阴影，事后无论怎样解释，都无法消除这种失职和不守信誉的印象。如果与客人素未谋面，一定要事先了解一下他的外貌特征，最好举个小牌子来迎接他。小牌子写上“欢迎某先生/女士光临某公司”“某先生/女士，欢迎您”等，让客人看到后，感到亲切。另外要注意，被接者的名字要写得尽可能大些。

2. 会面

与来宾见面后，首先要热情打招呼问候，如“一路辛苦了”“欢迎您来到我们这个美丽的城市”“欢迎您来到我们公司”等。然后向对方做自我介绍，如果有名片，可送予对方。如果对方不知道怎样称呼你，可以主动说“就叫我小王好了”。介绍完毕应随手把行李接过来，客人喜欢自提的东西不必勉强，因为里面也许有证件或重要的物品等。

3. 乘车

乘车流程为：为客人打开车门，请客人先上车；接待者坐在客人旁边或司机旁；在迎接客人的途中，不能一言不发，应主动与客人交谈，如本次活动的背景资料、筹备情况，还可介绍当地的风土人情、气候、物产；当地的地名由来和风景名胜；本地知名人士；近来发生在本地的大事以及当地物价等。到达后，接待者应先下车为客人打开车门，请客人下车。

4. 领引

将客人送到住处后，帮客人办理好一切手续并将客人领进房间，同时向客人介绍住处的服务、设施，将活动的计划、日程安排告知客人，并把准备好的地图或旅游图、名胜古迹等介绍材料送给客人。接待人员不要立即离去，应陪客人稍做停留，热情交谈，谈话内容要让客人感到满意，如客人参与活动的背景材料、当地风土人情、有特点的自然景观、特产、物价等。考虑到客人一路旅途劳累，也不宜久留，应让客人早些休息。离开时应将下次联系的时间、地点、方式等告诉客人。

（四）前台接待礼仪

前台接待是一个单位的脸面和名片。所以，前台工作的专业、规范、适度，对塑造单位形象有着非常重要的作用。

1. 来访客人接待

前台在岗位上可以是站立姿态，也可以是坐着的，具体依上级规定执行。但有访客时，应立即起身，在客人行至自己面前 3~5 米处时，面朝向来访者点头、微笑致意“您好，请问您找一位”“请问有预约吗”。（见图 4-1）前台迎接访客时应及时招呼来访客人，需认识到大部分来访客人对公司来说都是重要的，要表示出热情友好和愿意提供服务的态度。如果前台正在打字应立即停止，即使是在打电话也要对来客点头示意，但不一定必须与来客握手。

主动热情地问候客人：打招呼时，应轻轻点头并面带微笑。如果是已经认识的客人，称呼要显得比较亲切。

图 4-1 前台接待

2. 电话接听礼仪

（1）接起电话问候语：前台接起电话的声音要不急不慢，并始终保持轻松、愉悦的声调。接起电话首先要说“您好，×××（公司名称，如果公司名称较长，应用简称）”，忌以“喂”开头。

（2）在电话铃响的第二、三声时接起电话。

（3）如果因故迟接，要向来电者说“对不起，让您久等了”。

（4）接电话中，要勤说“请问”“对不起”“请稍等”之类的谦辞。鉴于前台每天要接很多电话，为防止嗓子沙哑，要随时准备水，以滋润嗓子，随时保持良好的声音。

（5）左手持听筒、右手拿笔。方便在与客户进行电话沟通过程中随时用笔做文字记录。

（6）让客户先收线。不管是制造行业，还是服务行业，在打电话和接电话过程中都应该牢记让客户先收线。因为一旦先挂上电话，对方一定会听到“咔嗒”的声音，这会让客户感到很不舒服。因此，在电话即将结束时，应该礼貌地请客户先收线，这时整个电话接听才算圆满结束。

3. 接待中的注意事项

当前台正在通电话，又碰上客人来访时，原则上应先招待来访客人，此时应尽快和通话对方致歉，得到许可后挂断电话。不过，电话内容很重要而不能马上挂断时，应告知来访的客人稍等，然后继续通话。

有客人未预约来访时，不要直接回答要找的人在或不在，而要告诉对方“让我看看他是否在”，同时婉转地询问对方来意，如“请问您找他有什么事”。如果对方没有通报姓名则必须问明，尽量从客人的回答中，充分判断能否让他与同事见面。如果客人要找的人是公司的领导，就更应该谨慎处理。

三、前台接待实训任务

假如你是某公司前台接待人员，请根据以下场景做好接待工作。

情景一：一位与公司有多年业务关系的重要客户，约好了今天上午 9 点来公司和总经理洽谈业务。现在他提前一刻钟到了公司，总经理暂时无暇接待，请演示接待的场景。

情景二：今天有一位对公司极为重要的客户（合作企业的经理）来访，办公室主任安排你去接待，要求到办公室外迎接客人，并做自我介绍；要引导客户乘坐电梯，进入总经理办公室；然后向双方做介绍。双方正式交谈前，要奉上茶水；双方交谈完毕，要送客户至公司楼下。请演示整个过程。

表 4-1　前台接待实训任务评分表

姓名		学号			
项目	考核要点		分值	得分	备注
仪容	女生妆容得体美观，盘发符合规范要求无碎发；男生面部干净整洁，发型符合规范要求		20		
仪表	制服合身得体，无明显皱褶痕迹；饰品佩戴符合礼仪规范要求		10		
微笑	待人接物过程中，自始至终微笑，保持良好		10		
称呼	接待过程中，称呼的礼仪运用标准、合理、合规		10		
引导	引导时手势、姿态、方向规范，运用得当		20		
茶水	灵活掌握奉茶礼仪		10		
语言	接待过程中，展现灵活的处理能力、良好的沟通技能		20		
合计			100		
还应注意的问题：					

任务四　餐厅与会议服务

在日常社会交往过程中，人们有许多社交活动时间是在餐桌上度过的，在国内外，用餐礼仪已经成为人们交往过程中不可或缺的环节，在人际关系中起到非常重要的作用。如果在用餐时举止得体、彬彬有礼，更容易得到他人的认同；但是如果在就餐过程中举止失当、粗鲁无礼，则会有损自己和公司的形象，并对与他人的进一步交往带来负面影响。所以，掌握中西餐用餐礼仪及相应的中西餐服务知识至关重要。

一、餐厅服务

在较正式的餐厅宴请时，桌次和位次的安排必须遵守约定俗成的礼宾次序。中西餐因使用的餐桌不同，其排列亦有所区别。

（一）桌次的排布礼仪

1. 中式餐桌

按照惯例，首先摆设主桌的位置，一般主桌应摆在最显眼的地方；其次排列其他桌次，各桌次地位高低是以离主桌的远近和左右确定的。

桌次安排的规则大致如图 4-2 所示。如果是两桌的小型宴请，横排以右为尊（面向正门），竖排以远为上。如果是三桌及以上的多桌宴请，桌位排布时应面门定位，以远为上，以右为尊，即面对大门，越远桌次越高。多桌横排时，面对大门靠右边的桌次较高。同时，在多桌场合下，离主桌越近的，桌次地位越高。除主桌可略大一些外，应安排大致相同大小、形状相同的餐桌。在桌数较多的情况下，应在桌上做好桌号牌，安排引位人员引导宾客就座。

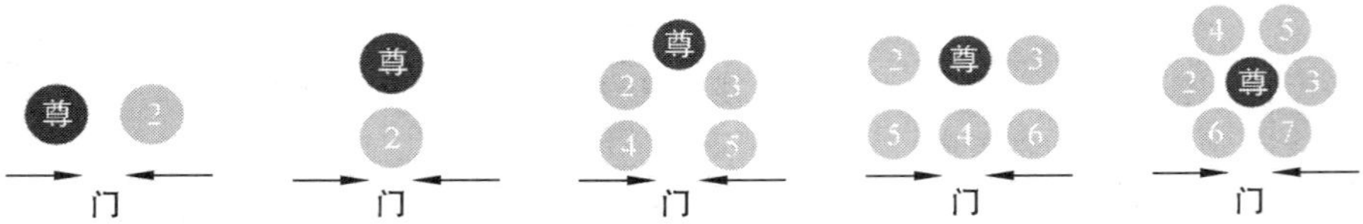

图 4-2　桌次安排规则

2. 西式餐桌

西餐的餐桌通常采用长条桌，没有主桌与次桌之分，桌子的摆放根据参加宴请的人数多少和场地大小及形状而定。（见图 4-3）

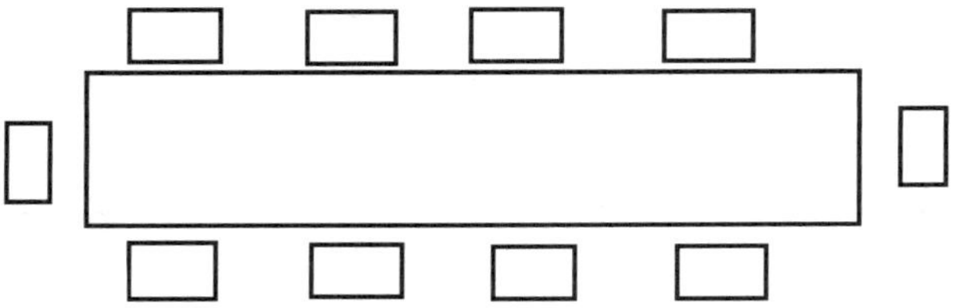
图 4-3　西式餐桌

（二）宴请的位次排布礼仪

宴请座次排列的依据，大多遵循国际惯例和本国的礼仪。首先，应将主宾与宴请方领导置于最为尊贵的位置。其他宾客的位次尊卑，主要取决于其距离主宾与宴请方领导位置的远近，近则为尊，远则为卑。其次，位次的安排。位次讲究面门为上，右高左低。

在中餐宴请中，主宾应坐在主人的右上方（见图 4-4）；西餐宴请中，主宾则坐在主人的正对面。如果宴请方为夫妇且主宾也为夫妇，女主人和女主宾都出席，男主宾坐在女主人的右上方，女主宾坐在男主人的右上方；如果主宾的身份、地位高于主人，为表敬重也可安排主宾落座主人位置。（见图 4-5）

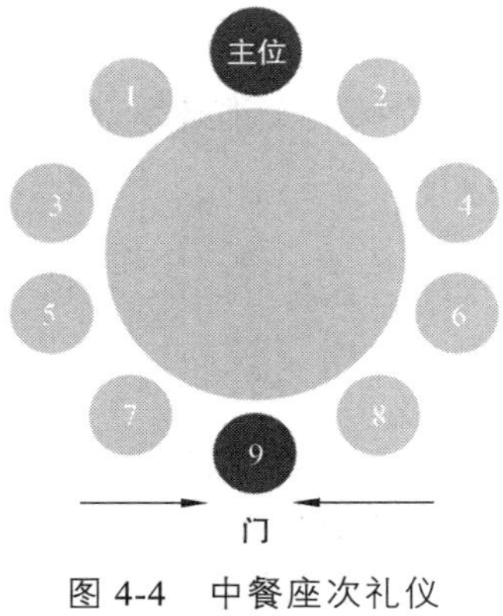

图 4-4　中餐座次礼仪

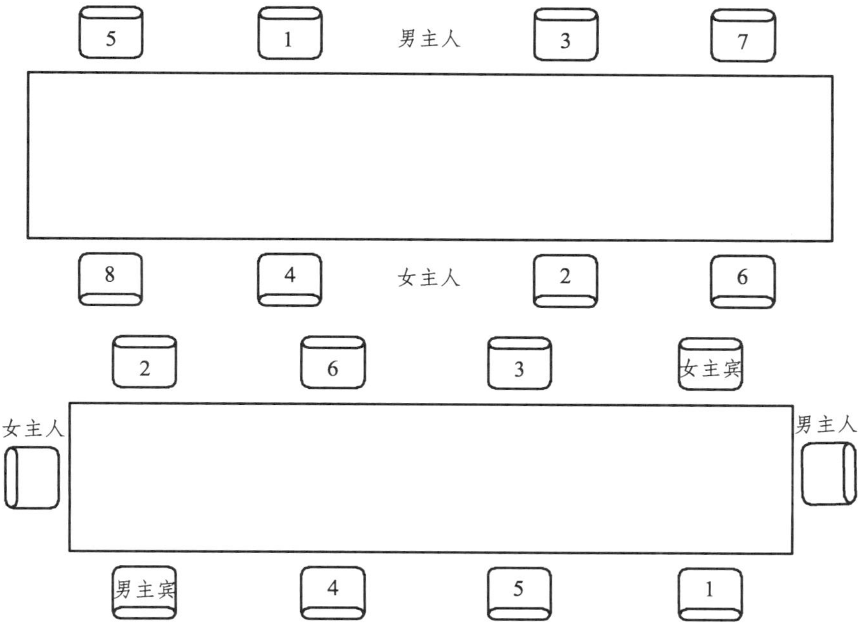

图 4-5　西餐座次礼仪

（三）中餐上菜礼仪

如果由服务员给每个人上菜，要按照先主宾后主人、先女士后男士或按顺时针方向依次进行。如果由个人取菜，每道热菜应放在主宾面前，由主宾开始按顺时针方向依次取食，切不可迫不及待地越位取菜。普通规格的商务宴请有 8~10 道菜，宴席的大致顺序如下：

（1）餐前茶水：商务宴请开宴前可先安排宾客用茶，一则可用于宾客餐前清口，二则可用于餐前寒暄。

（2）冷拼：也称花拼、开胃菜。常见的有凉拌海蜇皮、凉拌青瓜、青椒皮蛋、白斩鸡、乳鸽等。

（3）热菜：即热炒，视宴请规模大小选用不同的菜肴组合。热菜的道数通常是偶数，如 4，6，8 道。中国人一般认为偶数是吉利数字。最豪华的宴会主菜可以达到 16 道甚至 32 道。

（4）大菜：整只、整块、整条的菜肴，或食材名贵、稀少的菜肴，如烤乳猪、烤全羊，或鲍参翅肚。大菜在商务宴请中起到画龙点睛的作用，对于中高规格的商务宴请较为合适，普通宴请中则可少选或不选。

（5）点心和汤：一般中餐宴请中主食不以米饭为主，而以糕、饼、团、粉各种面食，如包子、饺子代替。可选择具有地方特色的点心，如上海的小笼包、广东的各式甜点。此外，根据中餐习惯，正式宴请主菜进食完毕之后应安排一道热汤。

（6）水果拼盘：宴请正餐结束后，可安排一道爽口、消腻的水果拼盘。

标准的中餐，不论是何种风味，其上菜顺序大体相同，通常是冷盘 – 热炒 – 主菜一点心和汤一水果拼盘。当冷盘吃剩 1/3 时，开始上第一道热菜。一般每桌要安排 10 个热菜。宴会上无论桌数多少，各桌的菜都要同时上。

中餐上菜的顺序讲究先凉后热，先炒后烧，咸鲜清淡的先上，甜的、味浓、味厚的后上，最后是主食和汤。

根据商务宴请的规格，各种菜品的分量也有所不同：隆重宴请讲究一成至两成冷菜，三成热炒，四成大菜；普通宴请可以减少大菜，增加冷菜。

（四）西餐上菜礼仪

完整的西餐流程

西餐在菜单的安排上与中餐有很大不同。以举办宴会为例，中餐宴会除冷菜外，还要有热菜、主菜，再加上点心、汤、甜食和水果，十分丰富。而西餐虽然只有六七道菜，看起来很简单，但取材丰富，用料讲究，注重营养、卫生。下面对西餐上菜顺序做简单介绍。

1. 头盘

西餐的第一道菜是头盘，又称开胃菜。开胃菜的内容一般有冷头盘或热头盘之分，常见的品种有鱼子酱、鹅肝酱、熏鲑鱼、鸡尾杯、奶油鸡酥盒、焗蜗牛等。因为是要开胃，所以开胃菜一般都具有特色风味，味道以咸和酸为主，而且数量较少，品质较高。

2. 汤

与中餐极大不同的是，西餐的第二道菜就是汤。西餐的汤大致可分为清汤、奶油汤、蔬菜汤和冷汤四类。品种有牛尾清汤、各式奶油汤、海鲜汤、意式蔬菜汤、俄式罗宋汤、德式冷汤、俄式冷汤等。

3. 副菜

鱼类菜肴一般作为西餐的第三道菜，又称副菜。品种包括各种淡、海水鱼类、贝类及软体动物类。通常，水产类菜肴与蛋类、面包类、酥盒菜肴品均称为副菜。因为鱼类等菜肴的肉质鲜嫩，比较容易消化，所以放在肉类菜肴的前面，叫法也与肉类菜肴主菜有区别。西餐吃鱼类菜肴讲究使用专用的调味汁，品种有鞑靼汁、荷兰汁、酒店汁、白奶油汁、大主教汁、美国汁和水手鱼汁等。

4. 主菜

肉、禽类菜肴是西餐的第四道菜，又称主菜。肉类菜肴的原料取自牛、羊、猪、小牛仔等各个部位，其中最有代表性的是牛肉或牛排。牛排按其部位又可分为沙朗牛排（也称西冷牛排）、菲利牛排、T 骨牛排、薄牛排等。其烹调方法常用烤、煎、铁扒等。肉类菜肴配用的调味汁主要有西班牙汁、蘑菇汁、白尼斯汁等。禽类菜肴的原料取自鸡、鸭、鹅，禽类菜肴品种最多的是鸡，可煮、可炸、可烤、可焖，主要的调味汁有黄肉汁、咖喱汁、奶油汁等。

5. 蔬菜类菜肴

蔬菜类菜肴可以安排在肉类菜肴之后，也可以与肉类菜肴同时上桌，可以算为一道菜，或称为配菜。蔬菜类菜肴在西餐中称为沙拉，一般用生菜、西红柿、黄瓜、芦笋等制作。沙拉的主要调味汁有醋油汁、法国汁、千岛汁、奶酪沙拉汁等。还有一些蔬菜是熟食，如花椰菜、煮菠菜、炸土豆条。熟食的蔬菜通常与主菜的肉食类菜肴一同摆放在餐盘中上桌，称为配菜。

6. 甜品

西餐的甜品是在主菜后食用，可以算作第六道菜。从真正意义上讲，它包括所有主菜后的食物，如布丁、煎饼、冰激凌、奶酪、水果等。

7. 咖啡或茶

西餐的最后一道饮料，即咖啡或茶。饮咖啡一般要加糖和淡奶油。茶一般要加奶和糖。

以上的全套餐点通常只在非常隆重、正式的宴请中才会全部上齐，普通宴请或便餐如点太多会吃不完，反而失礼。一般而言，西餐选择菜、汤、主菜（鱼或肉择其一）加甜点是最恰当的组合。

（五）餐厅服务中的注意事项

（1）客人离席或敬酒时应主动拉椅，并将客人的口布叠成小三角形放于餐位边。

（2）如果有 2 个服务员同时为一个客人服务，不应在客人的左右同时服务，令客人左右为难，应讲究次序。

（3）动作不要过于求快，将物品堆积于工作台而疏于清理，不利于提高工作效率，如是有骨头的，每次撤出骨碟时，应先将骨头杂物拿走。

（4）用托盘收撤的餐具，如是有骨头的，每次撤出骨碟时，应先将骨头倒在一只骨碟上，再将其他骨碟叠起，否则很容易因倾斜而跌落。收撤餐具时无论客人碟里有否剩菜均应示意后再收。如客人挡住去路或妨碍到工作时，应礼貌地说："请让一让，谢谢。"不能粗鲁地越过客人取物或从客人身边挤过。

（5）上菜、报菜名，声音要适度，让客人听清为宜。分鸡、鱼等不能只分一部位给客人，要均匀分配。假如一次分不完的菜式或汤，要主动分第二次。

（6）分完菜或汤后，应将菜递到客人面前，并做手势示意客人请用。

（7）分给客人的菜碟上切忌有汁、油滴于碟边而直接递给客人。

（8）分完一道菜后，应抓紧时间做斟酒、换烟缸、收拾工作台等工作，不能一味站着等下一道菜。

服务员之间要求配合默契，有整体意识，如有 A、B 两个服务员，当 A 上菜、报菜名时，B 不应站在 A 的背后，而应灵活巡视客人台面情况或斟酒水。

二、会议服务

会议是人们为了解决某个共同的问题或出于不同的目的聚集在一起进行讨论、交流的活动。根据会议的性质和内容不同，会议可以划分为以下几种类型：年会、专业会议、代表会议、论坛、座谈会（专题讨论会）、讲座、研讨会、专题讨论会、培训会议、颁奖会议。

通过本任务的学习，学生应了解会议服务的相关礼仪规范，能够在提供会议服务时以礼待客，提供优质的会议服务。

（一）会议座次的安排

正式的会议应当预先排好座位，尤其是其中重要身份者的具体座次。将每一个人的名字打印在席次牌上，再将席次牌摆放在相应的位置。越是重要的会议，它的座次排定往往就越受到社会各界的关注。实际操办会议时，由于会议的具体规模多有不同，因此其具体的座次排定也存在一定的差异。

1. 会议座次的安排方式

会议座次的安排分为方桌会议和圆桌会议两种。

（1）在圆桌会议中，以门为基准点，靠近里面的位置为主要座位。

（2）长方形的桌子（包括椭圆形），就是所谓的方桌会议。如果只有一位领导，一般坐在长方形会议桌的短边，或者是靠近里面的位置。如果是由主客双方来参加的会议，一般分两侧就座，主人坐在会议桌的左边，客人坐在会议桌的右边。

会议座次的安排如图 4-6 所示。

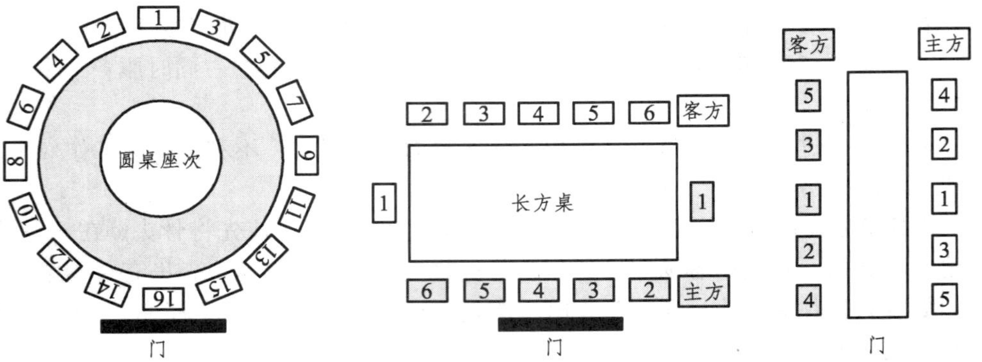

图 4-6　会议座次的安排

2. 会议座次安排遵循的原则

（1）面门为上。

（2）居中为上。

（3）以右为尊（国际惯例），以左为尊（我国惯例）。

（4）前排为上、以远为上（远离房门为上）。

3. 大型会议的位次排列礼仪

举行大型会议时，需要分别对主席台和群众进行排位。在主席台上排座时，一方面要安排主席团成员的位次，另一方面则要安排好发言席。

4. 小型会议的位次排列礼仪

（1）自由就座：一般不设固定座位，与会者完全自由地就座。

（2）面门设座：通常将面对正门的座位作为主席位，其他与会者在主席位两侧自左而右就座。

（3）居中设座：中央的位次高于两侧。小型会议中，如主持人不是一个人时，要注意左高右低。

（二）准备会议用品

1. 会场布局

根据会议的类型、人数等，结合会议室大小的实际情况，安排好会场布局，如课桌形、回形、U 形等。

2. 茶水具、签到准备

根据客人需求，准备好茶水具、签到桌及文具用品（一般为便笺纸、铅笔等）、水果、饮料（供茶歇服务用）等。（见图 4-7）

图 4-7　会议用具

3. 照明、音响、视频、空调设备

需在会前调试好各类会议中需要使用的电器，如照明、音响、视频、话筒、空调等电子设备。

（三）会议接待工作

（1）签到（备好纸、笔，另配 1~2 名接待人员）。

（2）引座（接待人员应有礼貌地将参会者引入会场就座）。

（3）接待（待参会者就座后，接待人员应递茶或递上毛巾、水果，热情地向参会者解答各种问题，提供尽可能周到的服务）。

茶水服务

（4）倒茶（动作轻盈、快捷、规范）。服务员为客人倒水时，站位合理（一般站在客人的右后侧），手法熟练，操作卫生，倒水量适宜（七八分满即可），端放茶杯动作轻巧。（见图 4-8）如客人要求摆放的是矿泉水，则注意观察是否需要补充矿泉水，递送时遵守递物规范（双手递送，标识正面朝向客人）。（见图 4-9）

图 4-8　会议续水

图 4-9　递送矿泉水

（5）其他服务。如果参会者有电话，或需要转告特别重要的事时，服务人员应走到他身边，轻声转告他。

（6）如果要通知主席台上的领导，最好用纸条传递通知，避免无关人员在台上频繁走动和耳语，分散参会者的注意力。

（7）茶歇服务。如需提供茶歇服务，应提前与相关部门沟通好，按照客人要求布置好甜品、饮料、水果、咖啡/茶、配套餐具等方便客人享用。（见图 4-10）提供茶歇服务时注意食品卫生安全，按餐饮服务规范操作；随时观察客人是否有需求，并立即上前帮忙；及时清理客人使用过的餐具及其他垃圾，保证现场环境的整洁。

图 4-10 茶歇服务

（四）会议善后工作

1. 送别客人

（1）协助客人。

客人离开会议室时，协助客人取回衣帽等物品。

（2）送别客人。

服务员在门口送别客人，提醒客人带好随身物品。

（3）道别引领。

客人离开时，礼貌地向客人道别，同时指示出口方向，欢迎客人再次光临。

2. 清理会议室

（1）物品检查。

客人离开后，马上检查会议室是否有客人遗忘的物品，及时归还给客人。

（2）还原会场。

清理会议室，摆放桌椅，恢复原样。

（3）保洁清扫，关闭照明。

保洁清扫，关闭照明灯具，检查电气设备。

（4）关闭会议室。

进行全面的安全检查后关闭会议室。

三、会议服务实训任务

情景实训演练：学生完整演绎会前迎宾、会中服务、会后告别步骤中应遵循的礼仪规范（声音+动作）。

（一）会前迎宾

（1）会议开始前，见到与会客人主动微笑问候："先生／女士，您好！欢迎光临！"

（2）礼貌示意客人在签到簿上签到，双手将签字笔递送给客人："先生／女士，您好！请在此签到，这是给您的笔。"（笔帽打开，笔尖朝向自己，双手递送，如有标识则正面朝向客人）

（3）引领客人到会场或休息室，面带微笑："先生/女士，您好！这边请！"

（4）礼貌询问客人是否需要挂衣帽："先生/女士，您好！请问您的衣帽需要挂起来吗？"如需存放衣帽，服务员要按递物礼仪递接存衣牌，并提醒客人妥善保管贵重物品。

（二）会中服务

（1）服务员为客人续水时，应站在客人的右后侧，礼貌提醒客人，"先生／女士您好，打扰一下，帮您续水"，然后迅速为客人倒水（七八分满即可）。注意操作卫生，茶杯轻拿轻放。

（2）如客人要求摆放的是矿泉水，则注意观察是否需要补充矿泉水，递送时也应礼貌地提醒客人，"先生／女士您好，打扰一下，给您水"，并遵守递物规范（双手递送，标识正面朝向客人）。

（3）重要会议提供敬茶服务时应使用托盘，按照礼仪次序依次服务（先主宾后主人，然后顺时针依次进行）。茶杯要轻拿轻放。如果茶几较低，服务员应单腿弯曲采用蹲式服务，蹲姿应优雅大方，"先生／女士您好，打扰一下，请喝茶"。

（4）服务员提供现场服务时，应随时留意会场状况，及时回应客人需求，"好的，先生／女士，马上就好"。注意保持标准的站姿；提供服务时，语言、动作要轻，避免影响发言者；遵守会场规定，具备保密意识。

（三）会后送别

（1）会议结束后，礼貌地提醒客人带好随身物品，"先生／女士您好！请带好您的随身物品"。

（2）客人如需取回衣帽，应帮助客人找到衣帽并双手送还，"先生／女士您好！这是您的衣服／帽子"；如有需要，可协助客人穿衣。

（3）客人离开时，礼貌地跟客人道别，并指示电梯方向，"先生／女士您好！请慢走，电梯在您的右手边，这边请，欢迎下次光临"。

任务五　庆典与宴会服务

庆典是围绕重大事件或重大节日、纪念日而举行的庆祝活动仪式，是各种庆祝仪式的统称。组织筹备一次庆典，如进行生产和销售一样，先要对它做出一个总体的计划。商务人员如果受命完成这一任务，需要记住两大要点：一是要体现出庆典的特色；二是要安排好庆典的具体内容。

一、庆典仪式的准备

（一）做好舆论宣传工作

在举行庆典仪式之前，应做好适当的舆论宣传工作。

（二）拟出来宾人员名单

参加庆典仪式的人员应包括哪些？除媒体记者外，应包括下列几种：

（1）政府相关部门的领导：主要是表达对上级机关的感谢并希望能继续得到支持。

（2）社会知名人士：通过他们的名人效应，能更好地提升自身的形象和层次。

（3）有功人士。

（4）友好单位人士：以增进友谊，共谋发展。

（5）本单位参加庆典仪式的领导、工作人员。

（三）布置庆典仪式现场

1. 如何布置现场

（1）庆典仪式的现场一般选在广场上，或是有意义的建筑物的正前门。

（2）布置现场要突出喜庆、隆重的气氛，应备有标语、彩旗、横幅、气球等。

（3）还可以准备鼓乐、飞鸽等，以烘托和渲染气氛。

2. 布置庆典现场的注意事项

（1）现场应有庆典仪式的主横幅。

（2）现场须有摆放来宾赠礼（如花篮、贺匾、纪念物等）的位置。

（3）音响或鼓乐声在节奏和音量上要加以控制，不可影响周边地区的正常生活秩序。庆典仪式的规模可能会妨碍交通时，应约请交通管理部门来人协调指挥。

（四）做好以下准备工作

（1）请柬的准备和发送。

（2）贺词（或答词）的撰写、讨论和审定。
（3）现场接待人员的安排。
（4）调试好设备。
（5）准备好来宾的胸花、席卡、饮品、礼物等。

（五）庆典仪式的程序

（1）迎宾。
（2）开始。
（3）致辞。
（4）致贺。
（5）致谢。

（六）参加者礼仪和宾客礼仪

1. 参加者礼仪要求

（1）仪容整洁、着装规范。
（2）遵守时间、按时到场。
（3）神态庄重、态度亲切。
（4）行为自律、礼貌在先。

2. 来宾者礼仪要求

（1）服饰规范、准时到场。
（2）带上贺礼、态度友善。
（3）友好交流、握手话别。

二、剪彩仪式服务

剪彩仪式是指有关单位为了庆贺新单位成立、企业开工、宾馆落成、商店开张、银行开业、大型建筑物启用、道路或航线开通、展销会或博览会开幕等而隆重举行的一项礼仪性程序。在这种活动中，需要邀请重要人士使用剪刀剪断被称为“彩”的红色缎带，故此，该仪式被称为“剪彩”。剪彩布置如图 4-11 所示。

图 4-11　剪彩布置

【**小故事**】剪彩的由来

（一）目前通行的剪彩礼仪条目

（1）剪彩的准备。
（2）剪彩的人员。
（3）剪彩的程序。
（4）剪彩的做法。

（二）剪彩仪式的准备

剪彩仪式可以单独进行，也可以在庆典中进行，是整个庆典仪式的高潮。剪彩仪式的准备工作与庆典仪式的准备工作类似，如舆论宣传、拟定人员、请柬发送、现场布置等。但剪彩仪式也有自己特殊的准备工作。

1. 剪彩用品的准备

（1）红色缎带：剪彩仪式之中的“彩”。
（2）新剪刀：专供剪彩者在剪彩仪式上使用的剪刀。
（3）白色薄纱手套：专为剪彩者所准备的手套。
（4）托盘：礼仪小姐用来放置红色缎带、剪刀、白色薄纱手套的盘子。
（5）红色地毯：用于铺设在剪彩仪式所站立之处的地毯。

2. 剪彩人员的确定

（1）剪彩者是登台持剪刀剪彩的人。既可以是一个人，也可以是多个人，但一般不应多于5人。
（2）剪彩者通常由上级领导、合作伙伴、社会名流、员工代表或客户代表来担任。
一般规定：中间高于两侧，右侧高于左侧，地位高的，即主剪者应位于中央的位置。

3. 剪彩仪式的程序

在庆典中的剪彩仪式，只是整个庆典的一个组成部分。如果是单独举办剪彩仪式，一般应有以下程序：
（1）嘉宾入场。
（2）仪式开始。
（3）宾主讲话。
（4）进行剪彩。
（5）后续活动。

（三）剪彩者及礼仪小姐的礼仪规范

1. 对剪彩者的礼仪要求

（1）修饰自己的仪表着装。
（2）注意剪彩中的举止行为。
（3）尊重主办单位，尽力配合仪式进程。

2. 对礼仪小姐的礼仪要求

（1）仪容要高雅。
（2）言行举止行为要规范。
（3）工作态度要认真、有责任感。

（四）剪彩礼仪操作

（1）拉彩带人员在剪彩时展开、拉直红色缎带。
（2）礼仪小姐为剪彩者提供剪刀、手套等剪彩用品，应站在剪彩者的右后方。
（3）剪彩者登台时，引导礼仪人员应在其左前方引导登台，使之各就各位。
（4）剪彩完毕，负责带领剪彩者退场。

三、签字仪式服务

签字仪式是组织经过商务谈判，与商务合作伙伴协商形成了某项协议或协定，为了确保协议的合法性，互换正式文本签订协议的仪式。签字仪式所用时间并不长，但却是谈判成功的一个重要标志，因此是一项比较隆重的活动，礼仪规范也比较严格。

（一）签字仪式前的准备

1. 准备待签文本

准备待签文本包括定稿、翻译、校对、印刷、装订等，以及签字用的文具、物品；如是涉外签字活动，必要时应准备双方的国旗。因正式的协议文本具有法律效力，所以协议文本的准备工作应严谨、郑重。

2. 布置签字场地

签字仪式的场所布置应有所考究，符合一定的礼仪规范。

首先要对地面进行平整，在厅内铺以地毯，摆好签约用的桌椅，根据需要可在签约桌上摆放鲜花、桌牌、签字笔等。较隆重的签约仪式还可针对签约事项提前制作横幅或背景板，悬挂于签约桌后方，并在会场内摆放鲜花。

签字桌涉外签字仪式的国旗悬挂与摆放有一定的国际惯例，为各国所公认，因此不能随意马虎。悬挂、摆放双方国旗时，以右为上，左为下。一般来说，两国国旗并挂或并摆时，以旗的正面朝向观众为准，右挂客方国旗，左挂本国国旗。（我国和部分国家实行“本国国旗优先”的原则，即本国国旗应置放在右边）注意这里的主、客不应以活动举行所在国为依据，而应以举办活动的主人的国籍为依据。

此外，国旗不能倒摆，需要并排悬挂不同比例的国旗时，应将其中一面略放大或缩小，使两个国旗面大致相等。另外还需要注意，某团体、机构的旗帜不能和国旗并挂、并放。

3. 安排签字人员

各方签约代表身份应对等，可由各方最高领导人签字，也可安排相关负责人代签。此外各方最好安排一名职级稍低、熟悉仪式流程相关细节的助签人员，在签约时站于签约人的左侧做签约的辅助工作。

其他参与仪式人员可面对签约桌就座或站立。如有主管部门领导出席，应按职级高低顺序，以右为上，面对其他人员站立于签约桌后方。

（二）签字仪式的程序

（1）签字仪式开始：各方人员按礼宾顺序进入签字厅。主签人员入座时，各方人员按身份顺序入位排列。

（2）签字人签署文本：助签人员分别站立于本方签字人员的后外侧，为主签人员递上签字笔、协助翻揭文本，指明签字处；必要时帮助吸墨；每次签字完成后协助双方交换文本。双方助签人员应协同配合，站位和动作速度基本一致。

（3）交换签字文本。

（4）共同举杯庆贺：一般安排礼仪小姐或礼仪先生分别为主客方的主签人或全体人员每人呈上约 2/3 杯的香槟酒；双方干杯、祝贺、道谢。

（5）合影留念。

（6）有秩序退场：按照惯例，应先请在场各方最高领导及贵宾先行退场，其他人员再陆续退出。

一般情况下，为庆祝签约仪式的成功举行，东道主一方会在签约仪式后安排商务宴请活动，通常为午宴或晚宴。

四、宴会服务礼仪

在此，我们主要介绍中餐宴会的服务程序与注意细节。宴会服务工作因其规模和层次高于零点服务，要求服务人员具有过硬的服务操作技能、应变能力及整体配合意识。对操作技能的要求是“三轻”（说话轻、操作轻、走路轻），“四勤”（眼勤、口勤、手勤、脚勤）。

（一）宴会的布置

（1）搞好宴会必要的环境卫生，餐厅卫生要求达标。

（2）根据宴会的类别、档次进行合理布置，根据餐厅布局和大小安排餐桌之间的距离，以方便穿行、服务为宜，重点突出主台。主台应放在可视餐厅主门，能够纵观全厅的位置。另外，做好宴会配套设施的布置和装饰。

（3）检查和确认灯光、室温、音响、家具、设施的完好和适宜。

（二）熟悉菜单和物品准备

（1）熟悉菜单以便于服务时介绍，并根据菜单所列示的服务要求准备所需服务用品。

（2）根据台数和菜单选配银器、瓷器、玻璃器皿、餐巾、台布、小毛巾等服务必用品。餐具及服务必用品准备时要留有余地。

（3）根据接待对象，视情况设置分菜台和酒水台（如受场地限制，采用席上分菜）。

（4）如果客人已安排酒水，按菜单要求备足各类酒水、饮料，用布擦干净酒瓶和各类罐子，并整齐摆放于工作台上。

（5）客到前准备好饮料或茶水、小毛巾，提前上好调料碟，将各类开餐用具整齐归一放好。

（三）迎接客人

（1）列队站立大厅门口迎接宾客，多台宴会应按指定位置站立，不得交头接耳或倚台而站。

（2）客到时，应笑脸迎接宾客，使用敬语。

（3）主动拉椅让座，随即送毛巾、上茶，按先女宾、主宾，后主人的顺序进行。

（四）席间服务

（1）宾客就座后，为主宾拿出骨碟中的口布，打开铺好，然后撤筷子套。

（2）了解客人是否需要讲话，讲话的人数及大致时间。

（3）掌握上菜时间或征得主人同意即刻通知上菜，斟酒水。

（4）席间如有宾客致辞时，应立即关掉音响，并通知厨房暂缓/减速出菜，然后站立一边，停止工作（对后到的客人，应保证客人有酒杯用，或应客人要求送上饮料）。

（5）如大型宴会，主客或主人发表祝词时，主台服务员应在托盘内准备好酒水，待客人讲话完毕时接收到示意后递给讲话人。

（6）主人轮流到各台敬酒时，服务员应随其后及时给主人斟添酒水。在客人敬酒前要注意杯中是否有酒，当客人起立干杯或敬酒时，应迅速拿起酒瓶或协助客人拉开椅子。

（7）上菜前将鲜花撤走，摆好公菜叉、勺及所需餐具。宴会开始前 10～15 分钟，冷菜上桌，注意荤素间隔，色彩间隔摆放，将花形正对客人和主宾。要求每道菜都必须公菜。多台宴会的分菜，要求各台的分菜速度一致，特别强调注意的是：其他台的分菜，上菜不能快于主台。

（8）每一道菜出菜时，都必须列队进入餐厅，主台服务走在前列，上菜时要求动作统一，不能只顾自己操作，忽略整体性。掌握上菜的速度，大型宴会视主台的用餐速度进行控制。

（9）高规格的宴会，在上甜品前先撤完所有餐具，然后整理好口布，重新上用甜品的餐具。一般的宴会，撤走空的餐具，然后整理好口布，重新上一套用甜品的餐具，忌撤走酒杯。

（五）宴会送别服务

（1）客人离席时应主动上前双手拉椅送客。

（2）提醒客人带齐随身物品。

（3）使用送客语言：“先生/小姐，谢谢光临，请慢走，再见。”

（4）大型宴会结束后，服务员列队在餐厅门口欢送。

思考与练习

1. 10 月学校将举行迎新晚会，你将担任这次活动的组织策划人，你会做哪些方面的安排？

2. 某航空公司从国外某公司采购了 100 架飞机，即将举行采购合同签字仪式，请为这次签字仪式进行安排。

任务六　VIP 服务

VIP 服务的英文全称是 very important person，也就是将客人作为非常重要的人接待，让未拥有此服务的人羡慕此服务，并真心愿意花钱花精力去享受此类服务，让拥有该服务的人有一定的优越感与尊严感。

为了更好地推出自己的服务，各行业和领域的很多企业都纷纷在自己的服务中引入 VIP 服务的理念，希望以此更好地服务、留住客户。航空服务领域，更是以其高端服务的水准，对此项服务有着更高的追求。本任务通过对 VIP 服务有关要求和内容的学习与训练，让学生具备更高水平的服务礼仪实施能力。

一、VIP 旅客的心理特点及服务技巧

VIP 旅客自尊心、自我意识强烈，希望得到应有的尊重。与普通乘客相比较，他们更重视环境的舒适和接受服务时心理上的感受。同时，由于乘坐飞机的机会可能比较多，他们会在乘机的过程中对机上服务有一种有意无意的比较。服务员为他们提供服务时，要态度热情，语言得体，落落大方。针对他们的心理需求采用不同的服务方式。“知己知彼，百战不殆。”要为客人提供全方位、尽善尽美的服务，前提是要了解客人，揣摩客人的心理，预见其心理需求。乘务员要做好重要旅客的服务工作，需掌握以下服务技巧。

1. 做好航前准备

首先，了解重要旅客的有关情况，如爱好、饮食习惯、生活要求等，以做好服务的准备工作。其次，了解所飞航线的特点、风土人情、航行地标等常识，在飞行途中拉近与旅客的距离，更好地为旅客提供周到、个性化的服务。例如，某航空公司的客舱人员在一篇公司宣传稿中回忆，他们曾发现一位重要旅客对部分食物过敏，在一次包机任务中为他特制了清淡的餐食，让客人备感惊喜。

2. 记住重要旅客的姓名

我们每天都会遇到许多张面孔，初次见面时热烈寒暄，互递名片，亲切如同老友，可是一转身，却再也想不起来对方的名字。对于民航服务人员来说，记住客人的名字就容易使对方产生好感，让客人有受到尊重的感觉。无论是在专柜为客人办理乘机手续、托运行李这些琐事，还是在机场贵宾室提供休闲服务，如果能在第一时间准确无误地叫出客人的姓氏及职务，服务便成功了一半。

3. 善用尊称

在提供服务的过程中，民航服务人员始终要用尊称称呼服务对象。善用尊称要求尽量了解旅客所处国家和地区的习惯性称谓，用他们熟悉而不是自己认为合理的称谓来称呼旅客。同时，还必须了解在称谓上的一些禁忌，以避免由于不得体的称呼而导致旅客不满。例如：在我国，不能直呼长辈的名字，即使同辈人之间，一般也不直呼其名。在必须问到对方名字时，还得客气地说："请问尊姓大名？""请问尊称？"称呼女性，如果对方已婚，可以称呼太太或"某夫人"；如果不明确对方的婚姻状况，可以用"女士"称呼她。

4. 态度热情，言语得体，落落大方

随着社会的发展，人们对服务概念的理解还延伸为"服务即保护客人的自尊并给足客户面子"。在为客人提供周到的物质服务的同时，更应注意与客人精神上的沟通和言语上的交流，使客人在整个旅行中都保持愉悦的心情。

5. 恰到好处的服务

以客为本，使之感受到尊重、关照与呵护，要提供旅客真正需要的服务，避免服务的任务化、机械化，只有这样才能得到旅客的认可。因此，乘务员在执飞长航线时要加强客舱的巡视，一来可以时时知晓和满足旅客的需求；二来可以整理客舱和洗手间，保持良好的客舱环境，同时更加强了对客舱安全的监控和保护。如果飞行旅途中客人想好好休息一下，乘务员则应最大限度地保持安静。客舱巡视时要轻，不要发出刺耳的噪声。

6. 告别时多一句祝福的话语

经过几个小时的飞行，飞机缓缓降落。按规定，重要旅客会先走。中国民航局规定：贴有"VIP"标志牌的行李应放置在靠近舱门口的位置，以便到达后优先卸机。下机过程也是让旅客留住美好体验的重要环节。多一句真诚的祝福，便可以保持善始善终的尊重。

二、机上 VIP 服务工作流程

1. 预先准备

首先是信息的获得：当班乘务长于预先准备会前获取 VIP 旅客信息，并在召开预先准备会时向组员传达，与头等舱乘务员进行沟通，做好 VIP 旅客服务预案。

2. 直接准备

（1）头等舱乘务员负责与供应员进行认真交接，明确 VIP 旅客的 VIP 餐食及其他服务供应品的配备情况，检查客舱设备的情况，向乘务长报告。

（2）为每位 VIP 旅客准备至少三份报纸和一双拖鞋，按规范要求插放于头等舱该旅客座位。

3. 飞行实施

（1）乘务长与地面交接签字。旅客登机后由头等舱乘务员安排入座，协助放置物品衣物。进行介绍书报和协助更换拖鞋（当面为客人拆开包装）。协助贵宾将换下的鞋放入鞋套内存放于座位下至滑竿后面。

"×先生/×女士，请问您的外套需要挂起来吗？"

“这是为您准备的拖鞋，航程时间较长，更换拖鞋可以使您旅途更舒适。”

“我们为您准备了……（报纸种类），希望您喜欢，请问需要帮您打开阅读灯吗？”

机上 VIP 报纸服务如图 4-12 所示。

图 4-12　机上 VIP 报纸服务

（2）头等舱乘务员进行欢迎服务，递送热毛巾，选用橙汁和矿泉水，热茶备选。

“×先生/女生，感谢您再次乘坐我们航班，我们特意为您准备了您爱喝的……，请问您想喝……还是别的饮品呢？”

“×贵宾您好，欢迎您选乘我们航班，特意为您准备了橙汁、矿泉水、茶水，请问你想喝哪种呢？”

（3）旅客登机完毕后，由乘务长带领头等舱乘务员向 VIP 旅客做自我介绍，并表示欢迎。

“×先生/×女士，您好，欢迎您乘坐本次航班，您是我们最尊贵的客人/贵宾……，我是为您服务的乘务员（姓名），很高兴为您服务。今天的飞行时间是……，天气……，如果您有什么需要请随时叫我。”

（4）起飞后由头等舱乘务员负责协助乘务长完成客舱服务。

（5）VIP 旅客享受 3 次以上热毛巾服务（迎宾、餐前或休息后、餐后或用洗手间后）。

（6）按 VIP 餐食配餐标准提供餐饮服务。

（7）全程做好细微服务和良好的沟通交流，确保 VIP 旅客不被打扰，得到良好的休息。

（8）飞机降落前 30 分钟进行道别服务，征求服务意见，视情况归还衣物。

“×先生/女士，飞机还有……分钟落地，目的地气温……，请问您对今天的航班服务有什么意见和建议吗？……希望您再次乘坐我们航班。”

“地面温度较低，您的衣服请拿好，请及时添加。”

“地面温度较高，您的衣服我放在衣袋里，您下机时记得拿取。”

（9）飞机降落后，由头等舱乘务员协助引导 VIP 旅客下机，乘务长与地面服务人员做好交接工作（与安全员协调好，保证 VIP 旅客最优先下机）。

“×先生/女士，您慢走，希望下次再见！”

“×先生/女士，祝您旅途顺利，再见！”

4. 飞行讲评

对整体 VIP 服务情况进行总结评估，累积工作经验，收集宝贵意见。

三、VIP 服务实训任务

两人一组，一位同学扮演乘务员，一位同学扮演 VIP 旅客，使用情景模拟从旅客乘机的各个阶段（旅客登机、飞机起飞前、飞行过程中以及下降前）的 VIP 服务程序。语言+动作包括以下要点：

（1）舱门迎客服务；

（2）为 VIP 旅客指引座位；

（3）对 VIP 旅客进行自我介绍；

（4）为 VIP 旅客挂衣服务；

（5）盖毛毯服务；

（6）报纸服务；

（7）下降前沟通；

（8）舱门送别服务。

两人一组完成情景模拟后，互换角色，每人都需要练习乘务员的角色。在服务过程中，注意微笑的保持、服务姿态、服务动作、服务语言协调。

VIP 服务实训任务评分表如表 4-2 所示。

表 4-2　VIP 服务实训任务评分表

姓名		学号		
项目	考核要点	分值	得分	备注
迎客服务	姿态、微笑、语言、眼神到位，能够准确运用得当的称呼“姓氏+职务”，并尽快接过行李	10		
指引服务	姿态、手势的指引配合得当，能帮助 VIP 旅客迅速找到座位并入座，妥善安放好行李	10		
自我介绍	自我介绍语言表达完整、流畅，配合蹲姿	10		
挂衣服务	主动帮助旅客挂放衣物，挂放前确认衣物内无贵重物品	10		
毛毯服务	应将毛毯折叠成长条形，搭在左手臂上，询问旅客后正对通道缓缓打开，从下至上动作轻柔地盖在旅客胸口下方	10		
报纸服务	语言介绍报纸的不同种类，并为旅客打开阅读灯	10		
下降沟通	下降前告知 VIP 旅客落地目的地的时间及温度，沟通对航班服务的意见及建议	10		
舱门送别	送别时的语言运用，与地面人员交接 VIP 旅客	10		
语言	服务过程中，展现灵活处理能力、良好的沟通技能	10		
微笑	自始至终面部微笑保持良好，给人以愉悦的感受	10		
合计		100		
还应注意的问题：				

项目四课后作业

项目五

实用社交礼仪

项目导论

在社交活动中，为了体现相互尊重，需要通过一些行为准则去约束人们在社交活动中的方方面面，这时候就需要礼仪的存在。社交礼仪是在社交活动中体现相互尊重的行为准则，旨在提高个人的素质，有助于建立良好的人际沟通、维护个人和企业形象。我们可以用一种简单的方式来概括社交礼仪，它是社交活动中对人的仪容仪表和言谈举止的普遍要求。

学习目标

通过本章节的学习，学生应明确知晓社交礼仪的基本原则与注意事项，并能掌握基本的社交礼仪；在社交活动中，熟练运用拜访、沟通、出行、用餐等社交礼仪；能够体现自身礼仪素质，有效建立良好的人际沟通关系，树立个人、企业形象。

建议课时

序号	名称	总课时	理论课时	实践课时
1	预约拜访	1	1	0
2	沟通礼仪	2	2	0
3	出行礼仪	1	1	0
4	用餐礼仪	2	2	0

任务一　预约拜访

一、预约礼仪

预约的方式有多种，常见的主要是电话或信函等形式。在选择预约方式时要充分考虑对方的实际情况，根据客户的意愿选择对应的方式，切不可只图自己的便利而让别人陷入两难的境地。如果选择电话预约要时刻注意自己的语气，得体的言谈会在一定程度上提高预约的成功率。打电话时面带微笑，愉悦的感觉可以通过声音传递给客户，让对方感受到亲和力，从而提高预约质量。一般情况下，电话预约不建议即兴发挥，尤其是严肃的预约一定要提前将想要确认的问题列出来，以免在打电话时造成信息遗漏。

预约的谈话时间不宜过长，简单明了地将目的及想要确认的信息表达清楚即可，说话避免啰唆拖沓，给人造成逻辑混乱不清的感觉。预约的时间应尽量尊重对方的意愿。预约时，主客双方应事先通报各自的具体人数及身份。双方一经约定，就不要随意改变。

拜访他人或公司，一般均应提前预约。预约的意义在于：一是事先征求对方的意见，体现对对方的尊重；二是保证双方工作的计划性，不至于打乱对方的工作安排。约定的内容包括以下方面：

（1）约定时间：尤其是对待一般关系的交往对象不宜充当不邀而至、打乱对方计划的不速之客。正式的约定最好提前一周向对方提出，包括到达的时间以及离开的时间。

（2）约定地点：地点准确，可提前设计约定的参观、行走路线。

（3）约定人数：在预约拜会时，宾主双方均应事先向对方通报届时到场的具体人数及其各自的身份。在公务拜会中，这一点尤其重要。这样可以方便接待方安排对等接待和相应的接待人员。通常，双方参与拜会的人员一经约定，便不宜随意变动，否则会令主人应接不暇，手忙脚乱。

（4）约定主题：浪费他人时间是不礼貌的表现。拜访前应事先约定访谈事项和内容，拜访时才会有的放矢。无主题的拜会访谈在私人交往中可见，公务拜访则切忌漫无目的，以免拖沓时间，效率低下，那样会显得没有专业水准。

二、拜访礼仪

1. 准时守约

拜访时要注意的首要规则是准时。让别人无故干等无论如何都是严重失礼的事情。如果双方有约，应准时赴约。到得过早会给对方增加一定的压力，到得过晚给拜访对象传递“我不尊重你”的信息。万一有特殊原因，不得不迟到或取消访问，应立即通知对方，不要若无其事，让对方空等。当下次与对方见面时，最好再次表示歉意，并说明一下具体原因。如果有紧急的事情，不得不晚，必须通知对方。如果遇到交通阻塞，应通知对方要晚一点到。

2. 安静等待

到达后，告诉接待员或助理自己的名字和约见的时间，递上名片以便助理能通知对方。如果接待者因故不能马上接待，应安静地等候，有抽烟习惯的人，要注意观察该场所是否有禁止吸烟的警示。不要显现出不耐烦。等待时要安静，不要通过谈话来消磨时间，这样会打扰别人工作。即使已经等了 20 分钟，也不要不耐烦地总看手表，如果等待时间过久或等不及，可以向有关人员说明，问接待/助理约见者什么时候有时间并另定时间。不管对对方有多么不满，也一定要对接待/助理有礼貌。

【**小故事**】心平气和的刘铭传

3. 应邀入门

拜访时，应先轻轻敲门或按门铃，当有人应声允许进入或出来迎接时方可入内。如果门口装有门铃，应当按门铃而不要敲门。千万不要用拳头擂门，用脚踢门，不停按门铃，或者在门外大呼小叫。

即使门开着，也要敲门或以其他方式告知主人有客来访，待屋内人看到来访者后，方可进入。

【**小知识**】

按门铃与敲门的礼仪

按门铃礼仪：按门铃时要有礼貌，通常门铃只按一次，让铃响两三声即可。如果无人应答，应当间隔 20 秒以后再按。按门铃时千万别性急。“叮叮当当”乱按一气，是不礼貌的。

敲门礼仪：敲门时，敲门的高度应当在距离地面 1.6 米左右，以食指和中指轻叩两三下即可；若室内没有反应，过一会儿可再敲一次。敲门的响度要适中，敲得太轻别人听不见，太响则不礼貌，而且会引起别人反感。敲门时绝对不能用拳捶、不能用脚踢，不要“嘭嘭”乱敲一气。若房间里面有老年人，会惊吓到他们。如果遇到门是虚掩着的，也应当先敲门，得到主人的允许才能进入。进入别人的办公室也应该先敲门，表示一种询问“我可以进来吗”，或者表示一种通知“我要进来了”。

4. 问候

与主人相见，应当主动向对方问好，并且与对方握手。如果与接待者是第一次见面，应主动递上名片，或做自我介绍。遇到主人的同事、亲属时，应当主动向对方打招呼、问好，而不宜旁若无人，不搭不理。

前往亲朋好友的私人居所做客时，可为对方携带一些小礼物，如鲜花、糖果、书籍、光碟等。在进门之初，一般应立即向主人奉上自己的礼物，不要等到告辞时再给。

【**小知识**】不适宜赠送的物品

进门后，拜访者随身带来的外套、雨具等物品应搁放在主人指定的地方，不可任意乱放。如果接待人员没有主动告诉拜访者外套可以放在哪里，应主动询问。对室内的人，无论认识与否，都应主动打招呼。如果带孩子或其他人来，要介绍给主人，并教孩子如何称呼。

5. 做客礼节

进屋后主人不让座不能随便坐下，应待主人安排指点后坐下。如果主人是年长者或上级，主人不坐，自己则不能先坐。主人让座之后，要口称“谢谢”，然后采用规矩的礼仪坐姿坐下。

在别人的办公室里，没有主人的提议，不能随便脱下外套，也不要随意解扣子、卷袖子、松腰带。未经同意，不要将衣服、公文包放到桌子和椅子上。公文包很重的话，则放到腿上或身边的地上。

主人端上茶后，应从座位上欠身，双手捧接，并表示感谢。主人献上果品，要等年长者或其他客人动手后，自己再取用。吸烟者应在主人敬烟或征得主人同意后，方可吸烟。如果主人没有吸烟的习惯，则要克制自己，尽量不吸，以示对主人的尊重。

和主人交谈时，应注意掌握时间。有要事必须要与主人商量或向对方请教时，应尽快表明来意，尽可能快地进入谈话正题，而不要闲扯。跟主人谈话，语言要客气。清楚直接地表达你要说的事情，不要讲无关紧要的事情。说完后，让对方发表意见，并要认真地听，不要辩解或不停地打断对方讲话。如有其他意见，可以在他讲完之后再说。要注意观察主人的举止表情，适可而止，当主人有不耐烦或有为难的表现时，应转换话题或口气。当与主人意见相左时，不要争论不休。

做客时，应做到非礼勿听、勿动、勿看。未经允许，不要私自动他人物品，更不要动用他人电脑等。主人与他人交谈或处理事情时，也不要在旁边饶有兴趣地旁听或追问缘由。

若做客中有新的来访者，先来的客人应稍待片刻再离开。后来的客人到达时，先到的客人应该站起来，等待介绍。

6. 礼貌告别

离开时要主动告别，或主人有结束会见的表示时，应立即起身告辞。告辞时要同主人和其他客人一一告别，说“再见”“谢谢”；要向主人表示“打扰”之歉意。对主人提供的帮助要致以谢意。主人相送时，回身主动伸手与主人握别，说“请留步”“请回”。待主人留步后，走几步，再回首挥手致意“再见”。国际上通行的做法是，受到主人款待后需要尽早打电话或写明信片表示感谢。

思考与练习

1. 约定好了拜访客户的时间，不能迟到，而且越早越好。这样做对吗？为什么？

2. 拜访客户的过程中感到与对方非常“投缘”，很想继续聊下去。但为了不要打扰对方，应按照事先约定的时间准时告辞。这样对吗？为什么？

任务二　沟通礼仪

沟通是人和人之间进行信息传递的一个过程。在这个过程中，信息发送者和信息接收者都是沟通的主体，信息发送者同时也是信息源。信息沟通可以以语言、文字或其他形式为媒介，沟通的内容除了信息传递外，也包括情感、思想和观点的交流。

在沟通过程中，心理因素无论对信息发送者还是对信息接收者都会产生重要影响，沟通的动机与目的往往也直接影响信息发送者与接收者的行为方式。沟通过程可能顺畅，也可能遭遇障碍。影响沟通效果的这些障碍既可能源于心理因素，也可能源于不良的沟通环境。

一、沟通的定义

沟通指为了设定的目标，将信息、思想和情感在个人或群体间传递，并达成共同协议的过程。沟通就是信息传与受的行为，发送者凭借一定的渠道，将信息传递给接收者，并寻求反馈以达到相互理解的过程。（见图 5-1）

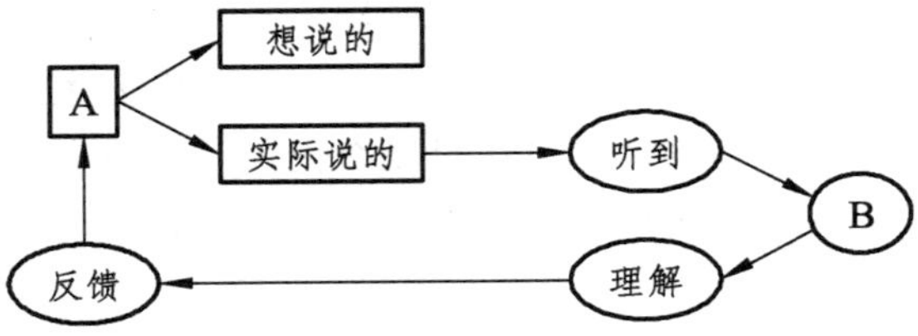

图 5-1　沟通

沟通的三大要素：① 要有一个明确的目标；② 达成共同的协议；③ 沟通信息、思想和情感。

（1）沟通者要有一个明确的目标。沟通的第一句话就要明确自己的沟通目的，因为开门见山式的沟通往往会更加高效。

（2）沟通有一定的情报内容，即传递和交流的内容包括信息思想和情感等。沟通的内容首先是信息，然后是思想和情感。

（3）沟通必须通过一定的媒介，主要的媒介是语言，包括口头语言、书面语言，也包括表情和体势等“副语言”。

（4）要使沟通成功，不仅需要传递，还需要被理解。

二、沟通技巧

（一）学会聆听

人与人之间的交谈是一种双向交流，有表达也有聆听。聆听也是一种礼貌的表现。中国有句古训：人长着两只耳朵只有一张嘴，就是为了少说多听。一般来说，在交谈中，发言者处于一种思维的支配地位，而聆听者处于一种接受的状态，两者应不断进行转化，否则被接收者会产生听觉疲惫，影响交谈的进行。聆听是一种对对方的尊重，也是一个学习的过程。所谓“三人行必有我师”“听君一席话，胜读十年书”等即是此意。

1. 听的 5 个层次

根本不听、假装在听、有选择地听、全神贯注地听、同心理地听。

2. 有效倾听的 5 个原则

① 不要打断；② 实时摘要（做笔记）；③ 仔细地听；④ 听话外音；⑤ 要有回应（包括语言、表情、肢体等）。

【**小故事**】钢盔的诞生

3. 聆听的技巧

聆听也需要一定的技巧，要善于接受他人意见和观点，若对方所言无伤大雅，勿绝对否定，以免让对方下不了台，应真诚地鼓励对方继续说，避免冷场。最后还应对对方所言予以思考，一方面可以向对方学习，另一方面可以真诚地提出自己的见解，促使谈话顺利进行。

（二）礼让对方

交谈中有时会无可避免地有意见分歧。美国心理学家詹姆士·罗宾逊教授认为：我们对于自己的想法很少会产生排斥感。因此当我们收到别人指正时，就容易发怒，并固执自己的想法，其实在我们的想法中潜存着种种信念，一旦有人想改变我们的信念，就会产生反抗的心理。这时我们所重视的并不是我们的信念，而是面临危机的自尊心……于是就产生争论，而这些争论只是为自己的信念找个继续存在的借口罢了。著名的科学家弗兰克林也认为：在议论或反驳中，也许你赢了对方，但那样的胜利是空虚的——因为你绝对无法赢得对方的好感。所以在交谈中遇到分歧时，应当先把舌头在嘴里转 10 个圈，思考清楚后再言语。切莫强争输赢，多以对方为中心，多体谅对方、理解他人，抱着学习的态度，避免失礼于他人。

另外也应注意，在交谈中要多谈对方，少说自己。这样既可表现对对方的关心与尊重，也可以拉近交谈双方的距离。

（三）适可而止

中国先贤有言，言多必有失。交谈也许像喝酒一样，尽管是“酒逢知己千杯少”，也还得适量。滔滔不绝，喋喋不休往往会引起他人反感，也容易偏离交谈的主题，事倍功半。所谓“一语中的”“一鸣惊人”才会令人回味。当然，交谈量的控制受环境和对象的影响有所不同，但是一定要适可而止。

（四）切合语境

语境即说话的语言环境，指说话的客观现场环境，包括时间、地点、目的以及交谈双方的身份等。切合语境主要有两层含义：一是遵守 TPO 原则，T 即时间，P 即地点，O 即场合。应根据不同的时间要求安排谈话的内容，在不同的地点与不同的场合应选择不同的话题与不同的说话方式。二是应符合交谈者的身份，这个交谈者是指交谈双方，在交谈中应选择双方的契合点，这样容易有共同语言，以促进交谈的进行。特别是在与外国人的交谈中，由于中外生活习惯的差异，许多国内司空见惯的谈话往往是触犯外国人禁忌的敏感内容。因此在与外国人打交道时，尤其要注意回避对方忌讳的内容。例如，过分地关心他人的行动去向，了解他人年龄、婚姻、收入状况，询问他人身高体重等，都被视为对其个人自由的粗暴干涉，是交谈所不宜涉及的。

（五）文明礼貌

交谈虽不如书面语或是正式发言那样严肃慎重，但也不能不注意文明礼貌。首先是用语文明，在说话时不要带脏字，善于使用一些约定俗成的礼貌用语，如“您”“谢谢”“对不起”等，应当尽量避免一些不文雅的语句和说法，忌使用口头禅、意气用事、以尖酸刻薄的话对他人进行冷嘲热讽。此外，对长辈、师长、上级等说话应使用相应的礼貌语，而长辈、领导等对下级、晚辈应注意话语平易近人，平辈之间也需互相尊重。男女之间谈话也应注意文明，不熟悉的异性不能开过分的玩笑，而男性一般不宜插入女士圈谈话，也不要与女士长时间攀谈或耳语，引他人侧目。公众场合说话宜声音轻柔，勿大声喧哗，干扰他人。

（六）情感呼应

美国社会心理学家哈特曼曾做过一个试验：在一次选举前，他为同一个政党准备两份内容相同的宣言，其中一份使用理性思辨方式写成，另一份使用浓厚感情写成，然后他将这两份宣言同时印发出去。结果发现，在散发感情色彩浓厚的地方，选民投票赞成的人数比散发理性思辨色彩宣言地区的多。其实在交谈中同样如此，情感的交流对沟通的效率有极大的影响。所以在交谈中应有情感的交流，当然最重要的是真诚，让对方感受到你的善意。

（七）善于无声

无声语言顾名思义是没有声音但可以传递表达情感，多为肢体语言，恰当地使用会有“此时无声胜有声”的效果。因此，在交谈中要善用首语、手势语、目光语等。

1. 首语

按一般习惯，人们的观察从头开始，头部的动作包括表情往往是人们关注的焦点。头部势态语言有：头部端正，表情端庄，表现严肃、自信；头部向前，表示倾听、关心；头部向上，表情惊慌，表示惊奇、恐惧；仰头表示期望、焦虑；低头表示沉思、痛苦；点头表示同意、理解；摇头表示不同意，无可奈何等。

2. 手势语

手势语可分为 4 类：表达讲话者的情感，使其形象化、具体化的是“情谊手势”；指示具体对象的手势叫“指示手势”；模仿形状物，给人一种具体感受的手势叫“象形手势”；表示抽象意义的手势叫“象征手势”。

3. 目光语

人们常说眼睛是心灵的窗户，目光的交流往往有很多含义：俯视一般有“爱护、宽容”之意；正视一般为“理性、平等”之意；仰视有“期待、尊敬”之意，斜视有“怀疑、轻蔑”之嫌。

可见，无声语言也是传递信息的重要交流工具。交谈中人们不仅要“听其言”，还要“观其行”。交谈时，无声语言礼仪也必不可少：避免斜视他人，有不尊重、蔑视之意；勿打哈欠，勿抓耳挖腮，有不耐烦之意；抽烟时，不要朝着别人的脸使用打火机，吐烟雾，容易引起他人反感；不要玩手指，搓手，显得不耐烦和无兴趣；咳嗽、打喷嚏，最好先用手帕捂住嘴，且不要朝着别人；避免长时间凝视他人或是目光游离、左顾右盼；首语的动作幅度不应太大，要显得优雅等。

（八）内容明确

交谈最重要的一点是让他人准确无误地听懂自己的发言，因而应做到以下几点：

（1）发音准确，吐字清晰，避免因发音问题影响对方的理解。如果确有吐字或方言等障碍，可以放慢语速，确认对方能够接受。

（2）用词应当准确，不要用自己不熟悉的词语。比如现在人们常说“这种诽谤我的话纯粹是空穴来风”，意为他人对自己的诽谤是没有根据的。但其实，空穴来风这个词出自战国楚·宋玉《风赋》：“臣闻于师：枳句来巢，空穴来风。”原本的意思为：有了洞穴才进风。用来比喻消息和谣言的传播不是完全没有原因的。显然意思完全相反。

（3）说话应当含义明确，不可产生歧义，模棱两可，以免产生误会。例如：“咱们单位里老张是长寿冠军，您排第二。可上周老张不幸去世了，所以这回该是您了！”这句话原意是说对方已取代老张成为长寿冠军了，可乍一听却以为是在说对方也要步老张后尘赴黄泉路了。可见语言明确是十分必要的。

三、主动问候

1. 学会主动打招呼

很多人不重视打招呼，觉得天天见面的同事用不着每次看见都打招呼，对于不太熟悉的人，又觉得打招呼怕对方认不出自己会造成尴尬。还有些人不愿意先向别人打招呼，他们老是在心里想：“我为什么要先向他打招呼？”其实，我们完全可以通过打招呼让自己更加吸引人。主动打招呼是联络感情的手段，沟通心灵的方式和增进友谊的纽带，所以，绝对不能轻视和小看打招呼，而要学会主动地打招呼。

问候是敬意的一种表现，态度上需要注意：① 要主动。问候别人，要积极、主动。当别人首先问候自己之后，要立即予以回应，不要不理不睬摆架子。② 要热情。问候别人的时候，通常要表现得热情、友好。毫无表情，或者表情冷漠的问候不如不问候。③ 要自然。问候别人的时候，主动、热情的态度，必须表现得自然而大方。矫揉造作、神态夸张，或者扭扭捏捏，反而会给人留下虚情假意的不好印象。④ 要专注。问候的时候，要面含笑意，以双目注视对方的两眼，以示口到、眼到、意到，专心致志。不要在问候对方的时候，眼睛已经看到别处，让对方不知所措。

2. 学会展现温暖又充满魅力的微笑

笑容是见面礼，是心灵无声的问候，是一切美好的开始！微笑具有神奇的魔力，它能够化解社交中的坚冰，消除人际中的隔阂，是走遍世界的通用“护照”。

笑容是一种令人感觉愉快的面部表情，它可以缩短人与人之间的心理距离，为深入沟通与交往创造温馨和谐的氛围。因此，有人把笑容比作人际交往的润滑剂。在笑容中，微笑最自然大方，最真诚友善。世界各民族普遍认同微笑是基本笑容或常规表情。

3. 牢记别人的名字

在社交中记住他人的名字很重要。自己的名字在社交中非常重要，换位思考，别人的名字在社交中也很重要。

人们都渴望被他人尊重，而记住别人的名字，则会让别人感受到尊重。因此，在交往中，记住别人的名字很容易让人对你产生好感。

记住对方的名字，而且很容易就叫出来，等于给予别人一个巧妙而有效的赞美。若是把人家的名字忘掉，或写错了，就是一种不尊重他人的表现。

4. 说话语调热情洋溢

聊天时别太过于担心开场白，不用怕，80%的听众对你的印象和你开始说什么关系不是特别大，他们更直接感受到的是你的状态。态度积极，热情洋溢，会让你的声音听起来更振奋人心，也会让听到的人感同身受。

思考与练习

1. 10人一组，通过描述或肢体语言一对一依次传递某一词语或句子（教师随机给出），最后一位同学说出所传递的信息。

2. 一个同学通过语言表达自己看到的画上的内容，然后另外一位同学通过自己听到的描述把画重新画出来。大家一起来评判哪些地方是沟通不足造成的。

任务三　出行礼仪

现代人的出行非常方便，日常交通有公交车、地铁或者出租车，远途旅行可以乘坐飞机、火车、长途汽车或者轮船等；商务旅行或是休闲旅游还需入住宾馆，到餐厅就餐，空乘人员执行驻外过夜的航班也需下榻宾馆和在外就餐。因此，与这些活动相对应的各种出行礼仪也需要练习。

在整个出行过程当中，设身处地为他人着想，排队等候，让座给有需要的人等，都是基本的公共道德。在公众场合，熙熙攘攘的人群中，人与人之间几乎没有交谈的机会，但是我们可以用身体语言向他人表示我们的善意：我尊重并在意你，尤其是对老年人或者其他需要帮助的人。

一、行路礼仪

道路是最基本的公众场所，一个人行路时，能否自觉遵守行路公德，反映其道德水平。

在不同的条件下，走路要遵循不同的具体要求。在平常的“走路”中，包含着一系列礼仪要求。（见表 5-1）每个人都应该自尊自爱，以礼待人。行路的基本规则是遵守交通法规、文明出行。

表 5-1　行人礼仪

A	严格遵守交通规则	E	路遇事故，不可围观
B	自觉自律，彼此谦让	F	走路姿势端正
C	并行行走，讲究位置	G	问路礼貌，助人热情
D	路遇熟人，热情礼貌	H	爱护交通设施，讲究卫生

二、交通礼仪

（一）乘坐公共汽车礼仪

1. 按顺序上车

车到站时，要先下后上，自觉排队，不要拥挤。遇无人售票车辆，还应遵守前门上，后门下的规则。遇残疾及行动不便者，应主动给予帮助。绝不能凭自己身强力壮，就推开众人往上挤，表现出一副野蛮样。

2. 文明乘车

上车后，应尽量往里走，不要堵在车门口。如果里面还有座位，应先让老、弱、病、残及抱小孩或带小孩的人士坐，不要强占座位。如已经坐在了座位上，如遇上述人员乘车，也应主动将座位让出。如今，公共汽车上一般都有区别于其他座位颜色的“老弱病残孕”专用席位，健康人士不得占用。

为了乘客安全，公共汽车上规定不能吸烟，也不要随地吐痰、乱扔废弃物；更不要将废弃物扔向车外，以免砸伤行人，破坏环境。

坐在座位上不要高跷二郎腿，妨碍别人通行。不要将头或手伸出车窗外，以免发生危险。雨雪天上车后，应把雨伞、雨衣等雨具放入塑料袋中，或提前抖掉身上的雨水和雪花，以免弄湿他人。对已经湿了的物品，应妥善处理。

上公共汽车，应尽可能地和别人保持一点距离，以免碰到别人，特别是走在别人后面的时候，碰到别人的脚后跟容易使人摔跤。如果穿着长大衣或风衣，上下车或楼梯的时候，一定要把衣服提起来，以免走在身后的人不小心踩到衣角，致使摔倒。

上车后应主动买票或出示月票。下车前要提前做好下车准备。如果自己不靠近车门，应先礼貌地询问前面的乘客是否下车，如前面乘客不下，要设法与其调换一下位置。

（二）乘坐火车的礼仪

1. 自觉遵守候车规则

要爱护车厢内的公共设施。不大声喧哗。携带的物品应放在座位下或座位前，不要挂在衣帽钩上，不强占或多占座位，不要躺在座位上让别人无法坐下。保持候车室卫生。不随地乱扔东西，主动将废弃物扔到果皮箱内。不随地吐痰。检票时自觉排队，不乱拥乱挤，有秩序地上车。

2. 按要求放好行李

所有行李应放在行李架上，不能放在过道上或小桌上。长途旅行一般携带行李较多，乘客间要相互照顾，合理使用行李架。放、取行李时，应脱掉鞋子，以免踩脏座位。自己的行李要摆放整齐，尽量不压在别人的行李上，如果不得不压也应征得别人的同意。

3. 自觉维护车厢环境

不在车厢内吸烟，不毫无顾忌地打喷嚏，没有特别原因不在车厢狭窄的过道上走来走去，坐在座位上不要把脚伸到车厢过道上。不津津有味、旁若无人地大嚼食物，不要把果皮、残渣及废弃物抛向窗外或在车厢内随地乱扔。不随地吐痰。

4. 邻座之间友好相处

与邻座的旅客交谈应先看清对象，与不喜交谈者谈话是不明智的，和正在思考者谈话也是失礼的。即便与旅伴谈得很投机，也不要没完没了，看到对方有倦意就应立即停止谈话。谈话中不要问对方的姓名、住址及家庭情况。

如果阅览别人的报刊或使用邻座的物品，应先征得对方同意，不可随便取用。别的乘客看报时，不能凑上去观瞧。

在车厢里应自觉保持安静，不要大声聊天。

5. 礼貌下车

到达目的地后，应拿好自己的物品，有礼貌地与邻座旅客道别，有序下车，不抢道拥挤。

（三）乘坐飞机的礼仪

1. 提前办理乘机手续

乘机手续主要指购票和登机手续，它比较严格且较为复杂，应提前办理。乘坐飞机至少应在飞机预定起飞时间前一个小时到达机场。在这段时间里办理登机牌、行李装运手续、通过安检。飞机预定起飞时间前半个小时将停止办票手续。

2. 妥善处理携带的行李

国际国内航班对行李的重量均有严格的限制，尽量少带为宜。随身携带的行李，登机后可放到置物架上，也可放到座椅下面。

3. 遵守规定，文明乘机

飞机飞行期间，乘客应严格遵守机上宣布的有关规定。当“系好安全带”的信号灯亮起时，要迅速系好安全带。如恰好正在盥洗室，应尽快回到座位上去。尤其为了飞行安全，起飞和落地前应关闭手机；电子设备的使用要严格遵照机上规定。飞机上一般不允许抽烟，应自觉遵守，自我克制。

废弃的物品要自觉放在垃圾箱里。阅读后的报纸或杂志要整理好，不要随便乱扔。不要大声聊天。用餐时要将座椅复原，吃东西小声一点。不贪图小便宜。阅读用的书刊、洗手间的卫生纸、座位底下的救生衣、座位上的氧气面罩，均不可取走。使用厕所，要尽量在飞机起飞、降落之前完毕。要等飞机完全停稳后再起身拿行李并排队按顺序走出去。

4. 尊重乘务人员的劳动

飞机飞行中，乘务员会为乘客提供服务，在接受服务后应向乘务员道声“谢谢”或点头致谢。无特殊事情尽量不要麻烦乘务员，如果有事确需乘务员帮助时，可按头顶上方的呼叫按钮，不可大声呼叫。

（四）乘坐轿车的礼仪

1. 了解座位的尊卑

应该强调的是：嘉宾坐在哪里，哪里就是上座。即便嘉宾不明白座次，坐错了位置，也不要纠正。

2. 了解上下车的先后顺序

同女士、长者、上司或嘉宾乘双排座轿车时，应主动打开车后排的右侧门，请女士、长者、上司或嘉宾在右座上就座，然后关上车门，自己再从车后绕到左侧打开车门，在左座坐下。

到达目的地后，若无专人负责开启车门，则应先从左侧下车后绕至右侧门，把车门打开，请女士、长者、上司或嘉宾下车。由主人亲自驾车时，出于对乘客的尊重，主人可以最后上车，最先下车。

3. 注意车内的谈吐举止

车辆行驶过程中，乘车人之间可适当交谈，但不宜过多与司机交谈，以免司机分神。

举止要文明，不在车内吸烟。女士不在车内化妆。男女之间不在车内打闹或表现得过分亲热。

不在车内乱吃东西、喝饮料，不在车内吐痰或向车外吐痰，不通过车窗向车外扔废弃物。

乘出租车的时候，刚上车时，应该先和司机确认好要去的具体地点。要注意保持车内的整洁。如果制造了垃圾，要自觉用袋子装起来待下车后扔到垃圾桶，而不要扔到车窗外。另外在车上，也不要乱蹬、乱踏。

三、住宿礼仪

商务人员出差在外，多下榻宾馆、饭店。因此，也要遵守宾馆、饭店的规章制度，做一个文明礼貌的客人。

1. 入住客房的礼仪

爱护房内设施：宾馆客房内备有供旅客生活使用的各种常用物品，如桌、椅、灯具、电视、空调，以及盥洗和洁具、浴具等设施，使用时应予以爱护，不应用力拧、砸、敲。如不慎损坏，应主动赔偿。故意破坏房内物品或损坏了物品不声不响，甚至把房内不属于自己的东西拿走等，都是违背社会公德的不文明行为。

2. 接待来访客人

宾馆不提倡在客房内会见来访的客人。必要的话，宾馆大堂与咖啡厅是接待访客的最佳场所。当然，偶尔在客房里会见来访的客人也是允许的，但必须注意以下几点：

（1）在客房里，接待的客人人数不宜过多；否则，人声嘈杂会破坏宾馆的肃静，影响他人休息。

（2）在客房里，待客的时间不宜过久；否则，会让外人误会。

（3）不允许来访客人在客房留宿，或使用客房内的各项设备。

（4）不要在客房内接待普通关系的异性客人。如果接待的话，最好不要关闭房门，时间也不要长于半小时，以防被人误会。

（5）不要邀请刚刚结识的人到自己所住的房间做客，以免造成麻烦或损失。

（6）在客房内，不要让按摩人员上门服务，也不要请态度暧昧的异性到房间。

3. 注意内外有别

室内着装，可相对随便。走出房间，则应衣着整齐，不可穿背心、短裤、睡衣、拖鞋等在走廊或宾馆、饭店内外的公共场所走动。不可窥视他人居住的房间。如同室还有其他客人，出入房间应随手关门，不要将房门大开，让别人一览无余。休息的时候，可在门外悬挂“请勿打扰”的牌子。

4. 保持房间整洁

不要将小件物品如钱包、钢笔、电子记事簿等乱扔在桌子上，或放在枕头下面、毛毯之中。这样很有可能会被客房服务员当作无用的物品清理掉。脱衣休息时，衣服、鞋袜应分别放好，不要乱抛、乱丢。废弃物应投入垃圾桶内，也可放在茶几上让服务员来收拾，千万不要扔进马桶里，以免堵塞。吸烟者不要乱弹烟灰、乱抛烟头，以免烧坏地毯或家具，甚至引起火灾。

5. 不影响他人休息

到别人房间找人，应按门铃或敲房门，不可重击房门或高声喊叫。开、关门时，动作要轻，声音要小。

不在房间内大声喧哗或举行吵闹声较大的聚会。晚间不在房间里打牌，看电视也应尽可能放小音量，以免影响其他客人。在走廊里说话、走路应注意不发出太大的声音，夜深更应如此。

6. 尊重服务人员的劳动

当服务人员来房间送水或打扫卫生时，要起身相让，不可无动于衷。服务人员离去时，应表示感谢。当遇到一些特殊情况，比如有客人来访而服务人员恰好也在这时来打扫房间，如果觉得不便，可有礼貌地请服务人员稍过一会儿再来打扫。

思考与练习

1. 请结合自己乘坐公共交通工具的经历，列举10个不文明行为，并找出合理的解决办法。

2. 如果你是一名乘务员，需要穿着乘务员的制服从家赶到机场办公区，能够选择的交通工具有哪些？为什么？

任务四　用餐礼仪

餐桌礼仪在中国人完整的生活中占据了一个重要的地位。用餐不仅是满足基本生理需要的过程，也是重要的社交方式。为此，掌握餐桌礼仪至关重要。

一、席间礼仪

1. 入座的礼仪

先请客人入座上席，再依次入座，入座时要从椅子左边进入。入座后不要动筷子，更不要弄出响声，也不要起身走动。席上如有女士，应等女士入座后，再入座。如女士座位在隔邻，应招呼女士。坐姿要端正，与餐桌的距离保持得宜。在饭店用餐，应由服务生领着入座。

2. 用餐期间的礼仪

先请客人中的长者动筷子，夹菜时每次少一些，离自己远的菜就少吃一些。吃饭时不要发出声音，喝汤时也不要发出声响。喝汤用汤匙一小口一小口地喝，不宜把碗端到嘴边喝，汤太热时凉了以后再喝，不要一边吹一边喝。

3. 离席礼仪

用餐后，需等男、女主人离席后，其他宾客方可离席。离席时，应帮助隔座长者或者女士拖拉座椅。离席时应主动和主人打招呼，说明情况。

二、餐具的使用

（一）中餐餐具

在中国饮食礼仪中，餐具的使用是非常有讲究的。当饮食从填饱肚子的行为演化为某种社交活动时，餐具就已经不仅仅是将食物送入口中的工具了。尤其是在陌生人较多的宴会中，更要注意餐具的使用礼仪。

常用的餐具有筷子、汤勺、取菜盘子、调味盘、汤碗、茶杯、酒杯，另有湿巾、牙签等。

1. 筷子的使用

中国人使用筷子用餐是从古代流传下来的，古时又被称为“箸”。用筷子吃饭看起来平平常常，其实这里面蕴含了不少学问。

使用筷子时，正确的方法是用右手执筷（左撇子除外），大拇指和食指捏住筷子的上端，另外三个手指自然弯曲扶住筷子，并且筷子的两端一定要对齐。用餐前，筷子一定要整齐码放在饭碗的右侧，用餐后则一定要整齐地竖向码放在饭碗的正中，表示本人用餐结束。

使用筷子用餐时应该注意，握筷子的部位要适当，握得过高或过低都影响夹菜的灵活性。

夹菜时不要在菜肴上乱挥动，不要用筷子刺穿菜肴，不要将筷子含在口中，不要让菜汤滴下来，不要用筷子去搅菜，不要把筷子当牙签，不要用筷子指点别人，等等。需要使用汤匙时，应先将筷子放下。

2. 勺子的使用

勺子的主要作用是舀取食物。有时，用筷子取食时，可以用勺子来辅助。但要注意的是，用勺子舀菜时不要盛得过满，可以在原处暂停片刻，等汤汁不再往下流时再移回来享用，免得溢出来弄脏餐桌或自己的衣服；暂时不用勺子时，应放在自己的碟子上，不要把它放在餐桌上，或是插入饭菜中；用勺子取回的食物，需立即食用或放在自己碟子里，不要再把它倒回原处；如果舀取的食物太烫，不要用嘴对着吹，可以先放到自己的碗里等凉了再吃；不要把勺子塞到嘴里，或者反复吮吸、舔食等。

3. 盘子的使用

盘子有菜盘与食碟之分。菜盘是用来暂放从公用的菜盘里取来享用的菜肴的，在使用方面和碗相似。使用时需注意，一次不要取放过多，多种菜肴堆放在一起既显得凌乱不堪，也容易相互“窜味”，切忌将喜欢吃的菜都盛到自己面前“吃独食”。

食碟比菜盘小，是用来盛放食物残渣的。吃剩下的骨、刺等不要吐在地上、桌上，而应轻轻取放在食碟前端。放的时候不能直接从嘴里吐在食碟上，要用筷子夹住放到碟子旁边。如果食碟放满了，可以让服务生更换。

4. 水杯的使用

水杯主要是用来盛放清水、汽水、果汁、可乐等软饮料的。需要注意的是，水杯不要盛酒，不要倒扣，也不能将喝进嘴里的饮料再吐回水杯。

5. 热湿巾和餐巾的使用

热湿巾是擦拭嘴角和双手用的，切不可用于擦拭脸、脖子、耳朵等。擦完手后，应该把它放回盘子，由服务员拿走。擦过的双手不要放在膝上或夹于两腿之间。宴会结束前服务员还会上一块湿毛巾，和前者不同的是，这块湿毛巾是用来擦嘴的，不能用其擦脸或抹汗。

如果席桌上有餐巾，当主人示意用餐开始时，客人才可将餐巾全部打开或打开至对折，平摊在自己的腿上或压于菜碟或渣碟下面。在正式宴会中，餐巾的使用主要是为了防止弄脏衣物，再兼作擦嘴及手上的油渍之用，切忌用餐巾擦拭餐具、酒具等物品。中途离席，应将餐巾放在座椅上，用餐完毕后才可将餐巾放回桌面。如果主人将餐巾放在桌面上，就意味着客人可以起立离席了。

6. 牙签的使用

就餐时，尽量不要当众剔牙。非剔不可时，可用另一只手掩住口部，剔出来的食物残渣不要再次入口，也不要随手乱弹、随口乱吐。剔完后要把牙签放在食碟上，不要长时间叼着牙签，更不要用来扎取食物。

（二）西餐餐具

广义的西餐餐具包括刀、叉、匙、盘、杯、餐巾等，狭义的餐具则专指刀、叉、匙 3 大件。

餐席中央通常放置垫盘或展示盘，盘上放折叠整齐的餐巾或餐纸，也有把餐巾或餐纸折成花蕊状放在玻璃杯内的。垫盘两侧的刀、叉、匙排成整齐的平行线，垫盘右边摆刀、汤匙；垫盘左边摆餐叉。一个座席一般只摆放 3 副刀叉，可依用餐顺序，由外侧至内使用。玻璃杯摆在右上角，最大的是装水用的高脚杯，次大的是饮用红葡萄酒的，而细长的玻璃杯是饮用白葡萄酒的，视情况也会摆上香槟或雪莉酒所用的玻璃杯。面包盘和黄油刀（供抹奶油、果酱用，而不是用来切面包），置于左手边，垫盘对面则放咖啡或吃点心所用的小汤匙和刀叉。

1. 刀叉的使用礼仪

（1）刀叉持法：刀叉是按摆放顺序，从外侧向里侧按顺序使用的。

用刀时，应将刀柄的尾端置于手掌之中，以拇指抵住刀柄的一侧，食指按在刀柄上，其余 3 指则顺势弯曲，握住刀柄。如果用餐时，有 3 种不同规格的刀同时出现，一般正确的用法是：带小锯齿的那一把用来切肉制食品；中型刀用来切蔬菜；小刀用来挑蘸果酱、奶油涂在面包上面。切割食物时双肘下沉，前臂应略靠桌沿，防止正在切割的食物飞出去。

叉子的拿法有背侧朝上及内侧朝上两种，要视情况而定。背侧朝上的拿法和刀子的拿法一样（见图 5-2），以食指压住柄背，其余 4 指握柄，食指尖端大致在柄的根部；叉子内侧朝上时，则如铅笔的拿法，以拇指、食指按柄上，其余 3 指支撑柄下方。左手拿叉，叉齿朝下，叉起食物往嘴里送。动作要轻，捡起适量食物一次性放入口中。叉子捡起食物入嘴时，牙齿只碰到食物，不要让刀叉在齿上或盘中发出声响。吃体积较大的蔬菜时，可用刀叉来折叠、分切。较软的食物可放在叉子平面上，用刀子整理一下。

图 5-2　刀叉的使用

（2）使用刀叉要注意：动作不要过大，以免影响他人；切割食物时，不要弄出声响；切下的食物要刚好一口吃下，不要叉起来一口一口咬着吃；不要挥动刀叉讲话，也不要用刀叉指人；掉落到地上的刀叉不可捡起再用，应请服务员另换一副。

使用刀叉进餐：从外侧往内侧取用刀叉，要左手持叉，右手持刀；切割食物时左手拿叉按住食物，右手执刀进行切割。使用刀时，刀刃不可向外；通常刀叉并用是在取食主菜的时候，但若无须用刀切割时，则用叉切割。

（3）席间摆放刀叉：进餐中放下刀叉时应摆成“八”字形，分别放在餐盘边上，刀刃朝向自身，表示还要继续吃；每吃完一道菜，将刀叉并拢放在盘中；用餐结束后，将刀叉平行地斜放在餐盘一侧。（见图 5-3）

图 5-3 进餐中、结束时刀叉的摆放方法

如果席间需要与在座宾客谈话，可以拿着刀叉，无须放下；不用刀时，可用右手持叉；但若需要做手势时，就应放下刀叉，千万不可手执刀叉在空中挥舞摇晃，也不要一手拿刀或叉，而另一只手拿餐巾擦嘴，或一手拿酒杯，另一只手拿叉取菜。

2. 餐匙使用礼仪

餐匙也叫调羹，是西餐中不可或缺的餐具，分汤匙、甜品匙和茶匙 3 种。在用途上，三者不可相互代替，也不可用来舀取其他主食、菜肴。汤匙个头儿较大，甜品匙个头儿较小，茶匙只起搅拌作用，不能以之舀取茶饮用。

使用餐匙时，持匙用右手，持法同持叉，但手指务必持在匙柄之端。不能用餐匙在所取食物中乱搅一气，每次取食应数量适中。餐匙不宜全部入口，尽量保持餐匙干净清洁。

3. 餐巾使用礼仪

一般来说，餐巾放在餐盘的正中或叉子的旁边。入席后，可以将餐巾放在胸前下摆处，或者平铺到自己并拢的大腿上。餐巾的打开、折放应在桌下悄然进行，不要影响他人。

餐巾起保洁作用，防止菜肴、汤汁落下来弄脏衣服；也可以用来擦嘴，但不能用其擦脸、擦汗、擦餐具；还可以用来遮掩口部，在需要剔牙或吐出嘴中的东西时，可用餐巾遮掩，以免失态。如果餐巾掉在地上，则应另要一块。

4. 水盂的使用礼仪

水盂是在用餐之前洗手指用的。在食用龙虾、鸡或水果等需动手取食的菜肴时，服务员会为每位宾客送上一只加入玫瑰花瓣或柠檬片的水盂，切勿将其当作饮用之水，只可作为洗手之用。洗手时，尽量收敛动作，不要溅出水花或随便甩手。

三、用餐文明

1. 餐桌上的礼仪

入座后姿势端正，脚踏在本人座位下，不可任意伸直，手肘不得靠桌缘或将手放在邻座椅背上。

用餐时须温文尔雅，从容安静，不能急躁。

在餐桌上不能只顾自己，也要关心别人，尤其要招呼两侧的女宾。

口内有食物时，应避免说话。

自用餐具不可伸入公用餐盘夹取菜肴。

凡是筷子能夹起来的食物，都用筷子；筷子夹不起来或不方便的，应使用汤匙。

避免直接从菜盘或汤盘中取菜送进嘴里，应放进自己的饭碗或汤碗后再吃。必须小口进食，不要大口地塞；食物未咽下，不能再塞入口。

不要一手拿筷子，一手拿汤匙地进餐；取菜舀汤，应使用公筷公匙。

吃进口的东西，不能吐出来，如吃了滚烫的食物，可喝水或果汁冲凉。

食物送入口时，两肘应向内靠，不直向两旁张开，碰及邻座。

他人在咀嚼食物时，均应避免跟人说话或敬酒。

食物残渣应该放在自己面前的小碟中，不要放置在桌上或吐在地上。

替人布菜应用公筷和大汤匙。

切忌用手指掏牙，应用牙签，并以手或手帕遮掩。

避免在餐桌上咳嗽、打喷嚏，如无法避免，应说声“对不起”。

在餐厅进餐，不能抢着付账。推拉争付，甚为不雅。未征得朋友同意，亦不宜代友付账。

2. 用餐时的禁忌

用餐时响声大作；剔牙时毫不掩饰；随处乱吐废物；一次入口食物过多；用餐时弄得满脸污渍；咳嗽、打喷嚏、吐痰；就餐中宽衣解带；用餐时吸烟；用餐时整理发型或补妆；口含食物与人交谈；替人布菜；劝酒；找人划拳；用手直接抓取菜肴；站起身取菜；对食物挑三拣四；餐具乱响；以餐具指点他人；乱用餐具；把餐具含在嘴里；与人抢菜；端着碗、盘用餐；捡食掉出来的食物；边走边吃喝；乱吹、乱搅汤或饮料；手脚乱动乱放；在别人致祝酒词时表现得迫不及待；用餐时不理别人；谈让人倒胃口的话题；非议饭菜。

思考与练习

1. 分享自己第一次用西餐的经历。

2. 小时候在家里团年聚餐的时候，长辈通常也会教我们一些用餐礼仪。请写下自己家里聚餐时的礼仪或者规矩。

3. 以小组为单位对目前食堂就餐的师生进行以“用餐礼仪、公共场所礼仪”为主题的现状调查，完成调查报告，并制作 PPT 进行讲解。

项目五课后作业

项目六

实用商务礼仪

项目导论

商务礼仪是指商务从业人员在商务活动中，为了树立个人和组织的良好形象、搞好企业的公共关系、沟通企业与相关方面的信息、赢得商务机会而应遵守的表达尊敬之心的相关行为规范。商务礼仪有助于维护企业形象，沟通和发展企业事业，建立良好的人际关系和企业与企业之间的合作交流平台。

即便是空中乘务员，除了在机上提供安全的保障、舒适的服务之外，还是与普通地面的工作人员一样，需要有办公室办公、出席公司举办的各类地面活动。秉承空中乘务员优良的服务品质，在商务礼仪尤其是社会交往、办公、公务活动中，也必须体现空中乘务员专业的礼仪素养。

学习目标

通过本章节的学习，学生应掌握办公室礼仪、常见商务礼仪和求职面试礼仪等各个方面的技巧，能够在模拟的情景中，不断训练自己的言行举止，提升面试通过的概率，增进与同事、领导之间的良好社会工作关系。

建议课时

序号	名称	总课时	理论课时	实践课时
1	办公室礼仪	1	1	0
2	商务会面礼仪	2	2	0
3	求职面试礼仪	3	1	2

任务一　办公室礼仪

办公室是每一个社会工作者必须融入的社会环境。办公室不仅是企业或者单位处理主要业务的场所，它还承载着公司的文化。每个公司的员工对公司文化的共同认同，都能在办公室中体现。这个办公室的概念是一个比较广义的概念，不光只是说一个房间，可以理解为办公的主要场所和区域。当然，作为一个处在社会关系中的自然人，他不是一个孤立的个体。在办公室内，大家在集体环境中，必须要相互尊重。而礼仪的本质就体现了对人的尊重。在办公室中，礼仪的关系是建立在同事与同事之间，上级领导和下级之间，以工作为目的的基础之上的。那么只要始终秉承在这样的关系基础上的相互尊重就是办公室礼仪的内涵所在。

一、办公室中的职业形象

比如我们看见厨师的着装、医生的着装、工程师的着装都与自身的工作有密切的联系。所以自身形象与自己的工作类别有直接关系。因为人们总是先入为主地去判断一个人。那么，对于办公室人员的一般要求如下：

头发：保持清洁，做到无异味，无头皮屑；

指甲：不能太长，应经常注意修剪，保持干净无异味。

面部：干净整洁、男性应该注意刮胡须。

口腔：口气清新，上班前不要吃带强烈味道的事物。

服装：工作场所的服装基本应干净、方便。一般男士不穿无袖、短裤到办公室，女士不穿露、透、短的衣服。

鞋：正式的鞋都应该带后跟，不应是拖鞋式。办公室以皮鞋为主，避免穿运动鞋或者拖鞋。

二、办公室的问候礼仪

在办公场所，大家相互碰面，问候是人际交往的第一步。问候语应该与办公场所相符合。在办公场所中，宜选用职位称呼，如“张经理、李部长”等通过姓氏加职位的称呼方式，也可以采用全名加职位的称呼方式，如“张×经理、李×部长”等。这样称呼，比单独姓氏加职位的称呼更正式，用于需要进行人员初次介绍等时刻。

一般在平级同事之间、相对关系比较熟的同事之间，可以选择相对非正式的称呼如“张哥、王姐”等。但是也要考虑年龄、性别和对方的感受，避免产生尴尬。

【案例】

员工李×是某家公司的前台接待人员。每天李×见到公司的总经理王经理都会向他问好，最开始的时候李×都问候“王经理好”。久而久之，李×和经理天天见面，就熟络起来了。王经理和李×说：“我们之间年龄也没有差距那么大，每次别那么见外，叫我王哥就行了。”李×也觉得是王经理和自己关系更进了一步，于是，每次在前台问候时都以“王哥好”来进行问候，王经理也觉得很亲切。有一次，合作单位的人员到本公司参观访问，王经理亲自出门接待他们，带领他们一起进入公司参观。李×见到王经理经过自己的前台，立马非常大声地说：“王哥好，你今天来得挺早。”当时，王经理就面露不悦，还有些尴尬。

思考：李×没有明白，平时都可以的称呼为什么到今天却又不行了？你知道为什么吗？

礼仪中讲究 TPO 原则，即符合时间、地点、场合三大因素的原则。在问候礼仪中，也同样适用。在问候中，本来就是体现对对方的一种尊敬，但是如果没有注意随着场合的变化而变化，就会导致原来对对方的一种尊敬变成了给对方的负担。

三、办公室的行为礼仪

在办公室中，言行举止都应该与工作环境相匹配。

女士如果穿着带跟的鞋，在通道、走廊时要放轻脚步。还要注意，在通道和走廊里不能一边走一边大声说话，更不得唱歌或吹口哨等。在通道、走廊里遇到上司或客户要主动问候，不能无视。

1. 出入房间

无论房门是否开着，进入房间，都要先轻轻敲门，一般敲 3 次为宜。进入上级领导办公室的时候，注意整理服饰，听到应答再进。进入后，回手关门，不能大力、粗暴。进入房间后，如对方正在讲话，要稍等静候，不要中途插话，如有急事要打断，也要看机会。而且要说：对不起，打断您的谈话。离开的时候，可以主动询问对方，是否需要将门带上，或者就这样打开。

2. 递送物品

办公室中经常会有文件的传送、递送。递交物件时应该注意，尤其是含有文字的文件等，要把正面、文字面对着对方递上去。同时，保持文件的干净和整洁，不要有污损。

四、公共办公区礼仪

现在的办公场所一般都有专门的吸烟区域，不应在公共办公区吸烟，不乱扔烟头。在办公室说话的声音不宜太大，如果是在会议室、讨论室等讨论时，也要注意控制音量。

个人办公区要保持办公桌位清洁，非办公用品不外露，桌面上的物品应码放整齐。当有事离开自己的办公座位时，应将座椅推回办公桌内。不要在办公家具和公共设施上乱写、乱画、乱贴。个人产生的垃圾投入垃圾筐，及时带走。保持茶水间、卫生间清洁。

下班离开办公室前，最后使用人应该关闭所用电器的电源，将台面的物品归位，锁好贵重物品和重要文件。

思考与练习

1. 学生出入老师的办公室需要注意哪些礼仪？
2. 作为学生会的干事，你在辅导员办公室值班的时候需要注意哪些礼仪？

任务二　商务会面礼仪

一、握手礼仪

握手是商务礼仪中见面时最常用的礼仪，也是国际上比较通用的礼仪。在商务场合中，一般通过握手来向对方表示尊重与欢迎。握手在社交场合中是最为重要的礼仪之一，也是衡量一个人是否专业、自信、有见识的重要依据。

1. 握手的标准方式

行握手礼时行至距握手对象约 1 米处，双腿立正，上身略向前倾，伸出右手，四指并拢，拇指张开与对方相握，同时要面带微笑。左手自然下垂在左大腿侧。握手时应用力适度，上下稍许晃动三四次，随后松开手来，恢复原状。（见图 6-1）

图 6-1　握手礼仪

2. 握手时应注意的事项

女士与男士握手，不宜柔弱无力；女性接待人员要会应对客户握手时的无礼行为；与女性握手不宜太过用力；男士与男士握手，要在虎口处相握，切忌在手指处握手；初次见面勿用双手紧握着对方的手；握着访客的手时，不宜左顾右盼与他人交谈，也不要过于用力摇晃对方的手；容易出手汗的人，应先擦拭再伸出手。（见表 6-1）

表 6-1　握手时接触的位置

男士与男士	握手掌，虎口相对
男士与女士	男士握女士的手指
女士与女士	手指相握

握手时要自然地微笑，当对方心情沉痛时，表情要凝重。握手时不能一言不发。（见表 6-2）

表 6-2　握手时的语言

“见面”握手，说声“您好”“好久不见”等，表示欢迎、问候、友好的意思
“祝贺”握手，说声“祝贺您”“恭喜您”等，表示诚恳的意思
“致谢”握手，说声“非常感谢”“劳您费心”等，表示深深的谢意
“分别”握手，说声“再见”等，表示依依惜别、亲切的意思
“慰问”握手，说声“辛苦”“受累”“早日康复”等，表示对遭遇不幸的慰问

3. 握手的顺序

握手时一般应由尊者首先伸出手（见表 6-3）。社交中尊者的含义一般是：长者、领导、女性。但是有几种情况应该注意，即作为本方代表欢迎客人时，不管对方地位怎样，均应主动上前与对方握手；在男性主动握手时女性亦应还礼。迎接时本方领导在场的情况下，应由领导首先与对方握手表示欢迎，其次才是一般工作人员。握手能体现交往双方的态度，拉近彼此的距离，能体现人们的礼仪修养，传递信息，能促进人们的交往，热情沟通。

表 6-3　握手顺序

男士、女士间	女士先伸手
长辈、晚辈间	长辈先伸手
上司、下属间	上司先伸手
老师、同学间	老师先伸手
迎接客人时	主人先伸手
送别客人时	客人先伸手
已婚、未婚间	已婚先伸手

4. 握手时的禁忌

（1）不要用左手与他人握手；

（2）握手时不要戴着手套或墨镜；

（3）握手时不要将另一只手插在衣袋里或者依旧拿着东西而不肯放下；

（4）握手时不要面无表情，又或者长篇大论；

（5）握手时不要仅握住对方的手指尖或者只递给对方一截冷冰冰的手指；

（6）不要以肮脏不洁或患有传染性疾病的手与他人相握；

（7）与人握手后，不要立即揩拭自己的手掌；

（8）不要拒绝与他人握手。

二、介绍礼仪

在人际交往过程中，介绍是一个非常重要的环节，是与他人沟通、增进了解、建立联系的一种最基本、常规的方式。介绍可以缩短人们之间的距离，帮助扩大社交圈子，促使彼此不熟悉的人更多地沟通和更深入地了解。介绍礼是商务工作中不可或缺的一部分内容，也是商务人员必须掌握的一项技能。

1. 自我介绍

在进行自我介绍时，态度非常重要。一般来说，态度要自然，友善，亲切，随和，整体落落大方，笑容自然；能够表现出自信和坦然，正视对方双眼，眼神不可飘忽不定；能够表达真实情感；语气自然，语速正常，吐字清晰，重音清楚，说普通话；在语言上要掌握分寸，一般不使用极端的词汇。

自我介绍的具体形式有很多，在交际场合中应该根据实际情况选用。

应酬式自我介绍，内容最为简洁，往往只包括姓名一项即可，如“您好！我叫张某某”。在某些公共场合和一般性的社交场合，如旅行途中、宴会厅、舞场上、通电话时，都可以使用应酬式的自我介绍。应酬式介绍的对象是一般性的交往对象，或者属于泛泛之交，或者早已熟悉。进行自我介绍，只不过是为了确定身份或打招呼而已，所以，此种介绍要简洁精炼。

工作式自我介绍，通常包括本人姓名、供职单位及部门、担任的职位或从事的具体工作，缺一不可，除非确信对方已经熟知。如“您好！我叫张某某，现在是某公司公共关系科的副科长”，这种自我介绍，主要适用于工作和公务交往之中，它是以工作为自我介绍的重点，因工作而交际，因工作而交友。

交流式自我介绍，内容应包括姓名、工作、籍贯、学历、兴趣以及与交往对象的某些熟人的关系等，如“您好！我叫张某某，现在在某公司公关部工作，我是某某大学 2012 级毕业生，我想咱们是校友，对吗”。在社交活动中，我们希望某个人认识自己，了解自己，并与自己建立联系时，就可以运用交流式的介绍方法，与目标对象进行初步的交流和进一步的沟通。这种自我介绍比较随意，可以不着痕迹地全面介绍，也可以故意有所隐瞒，造成某种神秘感，激发对方与你进一步沟通的兴趣。

2. 介绍他人

介绍他人时，应按一定顺序进行介绍，“地位高者优先了解情况”是一条普遍的规则。（见图 6-2）这就要求我们，在为他人介绍前，先要确定双方地位的高低，一般是地位高的人后介绍，地位低的人先介绍，地位高的人有优先知情权。具体情况如下：

（1）介绍年长者与年幼者认识时，应先介绍年幼者，后介绍年长者。

（2）介绍长辈与晚辈认识时，应先介绍晚辈，后介绍长辈。

图 6-2　介绍礼仪

（3）介绍女士与男士认识时，应先介绍男士，后介绍女士。

（4）介绍来宾与主人认识时，应先介绍主人，后介绍来宾。

（5）介绍社交场合的先来者与后来者认识时，应先介绍后来者，后介绍先来者。

（6）介绍上级与下级认识时，先介绍下级，后介绍上级。

（7）介绍位高者与位低者认识时，应先介绍位低者，后介绍位高者。

被介绍时，应礼节性地站起来，除非是上了年纪的长辈，或者不便起立的场合。

根据实际情况不同，介绍他人的内容也会有所不同。第一种是标准式，适用于正式场合，内容以双方的姓名、单位、职务等为主。第二种是简介式，适用于一般社交场合，只介绍双方姓名，甚至只介绍双方姓氏。第三种是强调式，适用于各种交际场合，在标准式介绍的基础上，强调其中某位被介绍者与介绍者之间的特殊关系，以便引起另一位被介绍者的重视。第四种是引见式，适用于普通的社交场合，介绍者只需将被介绍者双方引导到一起，不需表达实质性的内容。第五种是推荐式，适用于比较正规的场合，往往是介绍者希望将某人推荐给另一人，因此会重点介绍前者的优点。第六种是礼仪式，适用于正式场合，内容和标准式介绍大体相同，但在表达上更加礼貌和谦虚。

3. 集体介绍

在集体介绍中，被介绍者一方或双方都不止一人，大体可分两种情况：一是为一人和多人做介绍；二是为多人和多人做介绍。集体介绍的顺序可参照他人介绍的顺序，也可酌情处理。但注意越是正式、大型的交际活动，越要注意介绍顺序。

当被介绍者双方地位、身份大致相似时，应先介绍人数较少的一方，遵循“少数服从多数”的原则。当被介绍者双方地位、身份存在差异，虽人数较少或只一人，也应将其放在尊贵的位置，最后加以介绍，遵循“强调地位、身份”“地位高者优先了解情况”的原则。在演讲、报告、比赛、会议、会见时，往往只需要将主角介绍给广大参加者，即只做单向介绍。如果一方人数较多，可采取笼统的方式进行介绍，如“这是我的家人”“这是我的同学”。

更加复杂的情况是，如果被介绍的不止两方，那么需要对被介绍的各方进行位次排列，并进行有关位次排列的简单说明，以示尊重。排列的方法如下：

（1）以其负责人身份为准；

（2）以其单位规模为准；

（3）以单位名称的英文字母顺序为准；

（4）以抵达时间的先后顺序为准；

（5）以座次顺序为准；

（6）以距介绍者的远近为准。

集体介绍的注意事项与他人介绍的注意事项基本相似。除此之外，还应注意以下两点：一是不要使用容易产生歧义的简称，在首次介绍时要准确地使用全称；二是介绍时要庄重、亲切，不能开玩笑。

三、名片礼仪

在人际交往中，名片不但能推销自己，宣传企业，更是信息时代的联系卡，也能很快地助你与对方熟悉。它如同持有者的颜面，不但要很好地珍惜，而且要懂得怎样去使用它。现代名片是一种经过设计、能表示自己身份、便于交往和开展工作的卡片。名片不仅可以用作自我介绍，而且还可用作祝贺、答谢、拜访、慰问、赠礼附言、备忘、访客留话等。

1. 名片内容与分类

名片的基本内容包括称谓（由本人姓名、职务、学术头衔等 3 部分组成）、归属（所属单位由单位名称、企业标志、所在部门组成）、联络方式（由单位地址、邮编、办公电话、传真等 3 部分组成）。需要强调的是：一般不提供私人电话（顺应时代发展的需要已发生改变），头衔要少而精。选择哪些内容，由自身的需要而定。

2. 名片的携带与收藏

名片一般放在名片夹里。男士一般把自己的名片放于容易拿出的地方，不要与杂物混在一起，以免要用时手忙脚乱，甚至拿不出来；放置在公文包、手提包、外套左侧内兜。女士一般将名片放置在公文包、手提包里。

切记：不能放裤兜里！

3. 交换名片的姿势及语言

以双手递名片；递名片时字体要向着访客，同时应说些“请多关照”“请多多指教”之类的寒暄语，同时身体微微前倾，目光交流，面带微笑。（见图 6-3）

接收名片时应该用双手；遇到生僻字应礼貌请教，勿胡乱瞎猜惹人不快；切勿把玩或折损他人名片；将收到的名片放入名片夹中；同时可以说“谢谢”“非常高兴认识你”之类的寒暄语。

图 6-3　名片礼仪

思考与练习

1. 小组长带领两组同学分别模拟主客方碰面之后的握手礼仪。
2. 每位同学给自己设计一张名片，制作完成后利用自己的名片完成名片递接礼仪的练习。

任务三　求职面试礼仪

一份好的工作是每个人都梦寐以求的。求职的过程中，一定会有面试的环节。面试中的表现对面试结果有很大影响。既然选择去参加面试，那么就应该牢牢把握机会，同时掌握一定的技巧和方法，从而事半功倍。

【**小知识**】隐藏在细节里的面试

一、面试前的准备工作

1. 个人简历的准备

个人简历是自己的个人情况的书面说明。个人简历一般会要求在网络上提交，或者在线填报。不管哪种形式，那么都需要制作简历。

优秀的简历不仅能够展示个人的专业技能、特质、突出优势、教育背景、工作业绩等信息，还能够让对方了解求职者的职业目标和职业需求。

求职者可以从简历内容、语言水平、排版设计等多个方面对简历进行优化，提高简历内容的说服力和匹配度。

无论求职者是否在网络上提交简历，去现场面试的时候都应该准备一份简历。简历上的内容必须精心挑选，并能够对简历上特别的内容做出相应的应答准备。

个人简历的样式如表 6-4 所示。

个人简历的中照片一定要注意给人留下好的印象，绝对不能是随便拍摄的照片。

2. 对面试的工作岗位及公司有足够的了解和认识

在面试的时候一定要对所面试的公司和岗位有相应的了解，可以通过网络查询，也可以从公司的官方网站、新闻等获取相应的信息，以显示出面试者对对方的重视和对面试的重视。

3. 挑选符合面试要求的服装和配饰

一般面试岗位如果对服装等有专门的要求的话，必须按照要求准备好一套服装，相应的鞋以及手表、皮带、皮包等配饰。正式的服装总能凸显自己对这份工作的重视，以及自己严谨的工作作风。

4. 提前熟悉面试地点

面试的地点如果是在外地，自己从没有去过的地方，可以提前对乘车路线、周边环境进行熟悉。避免自己在面试当天由于找错地点，而错过面试时间。

表 6-4　个人简历

应聘职位　　　　　　　　　　　　　　　　　　　　　填表时间　　年　　月　　日

<table>
<tr><td rowspan="2">姓名</td><td rowspan="2"></td><td>性别</td><td></td><td colspan="2">文化</td><td></td><td rowspan="3">照片</td></tr>
<tr><td>身高</td><td></td><td colspan="2">政治面貌</td><td></td></tr>
<tr><td>籍贯</td><td colspan="3"></td><td colspan="2">出生年月日</td><td></td></tr>
<tr><td>户口所在地</td><td colspan="3"></td><td>婚否</td><td></td><td>民族</td><td></td></tr>
<tr><td>身份证号码</td><td colspan="3"></td><td colspan="2">现居住地址</td><td colspan="2"></td></tr>
<tr><td>毕业院校</td><td colspan="3"></td><td colspan="2">毕业时间</td><td colspan="2"></td></tr>
<tr><td>学习专业</td><td colspan="3"></td><td colspan="2">爱好特长</td><td colspan="2"></td></tr>
<tr><td>个人简介</td><td colspan="7"></td></tr>
<tr><td>就学时间</td><td>学校</td><td>学年</td><td>学历</td><td>专业</td><td colspan="3">担任职务</td></tr>
<tr><td></td><td></td><td></td><td></td><td></td><td colspan="3"></td></tr>
<tr><td></td><td></td><td></td><td></td><td></td><td colspan="3"></td></tr>
<tr><td>英语应用水平</td><td></td><td></td><td></td><td>职业期望</td><td colspan="3"></td></tr>
<tr><td>计算机应用水平</td><td></td><td></td><td></td><td>住宿要求</td><td colspan="3"></td></tr>
<tr><td rowspan="3">工作经历</td><td>时间</td><td colspan="3">工作地址</td><td colspan="3">职务</td></tr>
<tr><td></td><td colspan="3"></td><td colspan="3"></td></tr>
<tr><td></td><td colspan="3"></td><td colspan="3"></td></tr>
<tr><td>待遇要求</td><td colspan="7"></td></tr>
<tr><td rowspan="2">联系方式</td><td>移动电话</td><td></td><td colspan="2">固定电话</td><td colspan="3"></td></tr>
<tr><td>邮　编</td><td></td><td colspan="2">地　址</td><td colspan="3"></td></tr>
</table>

二、面试中的注意事项

1. 到达面试场

提前达到面试场，从进入面试地点的那一刻开始，就应该做好随时“被面试”的准备。面试场中的每一个人、每一件发生的事情，都有可能成为面试的一部分。

【案例】

小王精心准备去参加某公司的面试，也提前到达了面试场地。刚进入面试场地，由于地面刚刚被打扫过，有些湿滑，小王差点摔倒，她走进卫生间一边补妆，一边打电话向家人抱怨了几句。在卫生间内补妆后，她便离开了，丝毫没有注意到卫生间还有其他人，而且她补妆的垃圾就留在了台面上。

思考：小王有哪些不合礼仪的地方？

2. 面试中候场

面试一般会按照顺序进行，会有专门的候场地点。候场时，需要注意如下几点：

（1）候场中如果有宣传、宣讲介绍公司等，请一定要认真观看，做好记录。在接下来的面试中，一些信息可能有助于与面试官的交谈。

（2）候场中最应当注意的就是保持安静和良好的秩序。大声喧哗、吵闹、交谈等，都有可能引起面试组织方的关注，给自己带来不好的影响。

（3）候场中随时关注自己的面试顺序和时间，如果需要暂时上洗手间等，可以告知相关工作人员，避免错过。

3. 面试中的目光表情、姿态、语言的综合应用

面试中的姿态包括走姿、站姿、坐姿等的综合应用，整体体现大方得体。

面试中目光保持和面试官有眼神的交流，无论面试官是否在看自己。

面试中除非工作性质特殊，不需要微笑，那么就应该全程保持微笑。

面试中的语言非常重要。不管是内容，还是表达方面都要注意用词得当，通俗易懂，措辞精练；发音清晰，语调得体，声音自然，音量适中。

【小知识】乘务员模拟面试

三、面试结束以后

听懂面试官的话语，适时告辞，如面试官说"感谢你来面试""谢谢你对我们工作的支持"。注意仍然需要微笑，表达谢意，从容不迫地站起，（握手）告别，步伐稳健，轻轻关门离开，并向接待过你的人道谢、告辞。

不论面试时自己表现得是否满意，又或者面试官对你态度如何，都必须注意礼貌相待，用平常心对待，面试竞争本来就是相当激烈的。面试之后，回到家里，应该仔细记录整个面试经过、每个面试提问、每个细节。面试成功与否并不是最重要的，重要的是从上一次的面试中分析各种因素，总结经验，为下一次面试做准备。

四、模拟面试实操训练

1. 训练目标

（1）对面试礼仪、面试技巧进行强化训练，以增加面试者在面试中的自信心，提高面试的成功率。

（2）面试综合训练是按照真实的面试流程和程序，进行面试预演，以达到熟悉面试、了解面试，取得真实面试效果的目的。

2. 任务要求

（1）面试前的准备：整理要面试的公司的各项情况资料，并根据招聘简章的要求提前做好整理。另外也要按照公司的面试要求整理好自己的面试形象。

（2）面试中：准备一段自我介绍，包括自己的个人基本信息、优势特长、专业背景或者工作经验等，并根据面试官的提问回答相应问题。要求语言流畅、简洁、有条理、声音洪亮自信。

3. 训练重点

根据初试—复试—终审的流程，分别检验面试者的职业形象、身体姿态、语言表达能力、临场应变能力、团队协作能力。

4. 考核评分表

航空公司乘务员面试考核评分表如表 6-5 所示。

表 6-5　面试考核评分表

项目	考核内容	分值	得分	备注
妆容	按航空公司面试要求化妆	20		
着装	应穿规定的制服，制服整齐笔挺，要烫平，不能穿着皱褶的、有油渍的及有异味的服装；应将所有纽扣扣好，并保证纽扣齐全；不能卷裤挽袖；领带或领结不能系歪	35		
发型	按航空公司乘务员标准盘发，女生盘发、无碎发，男生头发长度适中、整洁	10		
礼仪	遵守面试候场礼仪、结束礼仪、综合礼仪	5		
面试过程	面试自我介绍准备充分、内容恰当；面带微笑，语言流畅、平缓，具有亲和力；回答面试官的问题准确，表述标准清晰	30		
合计		100		
还应注意的问题：				

项目六课后作业

项目七

国际礼仪常识

项目导论

礼仪是一门综合性较强的行为科学，是在人际交往中，自始至终以一定的约定俗成的程序和方式来表现律己、敬人的行为规范与准则。当今社会，国际交往活动越来越频繁，学习国际礼仪的知识和技巧，不仅能体现个人的文明与教养，也是国际化人才必须具备的修养和素质。

本项目的学习重点在于掌握国际礼仪的基本原则，了解常见国家的礼俗。

学习目标

通过本章节的学习，学生应掌握现代国际交往活动中的主要礼仪规范，重视现代国际礼仪的基本原则，能够遵循国际交往活动中的基本礼仪规范，了解亚洲、非洲、欧美代表国家的礼仪文化与风俗习惯。

建议课时

序号	名称	总课时	理论课时	实践课时
1	国际礼仪通则	1	1	0
2	常见国家礼俗	1	1	0

任务一　国际礼仪通则

在国际交往中，各种礼仪纷繁复杂，但是万变不离其宗，总有一些通则是可以供大家遵循的。国际礼仪通则并不是由某一个国家或者某一个人规定的，也不是在短期内形成的，而是在国际交往中，由各国相同或者相似的礼仪规则慢慢演变成一种国际惯例，为各国共同遵守、形成的。

一、国际礼仪通则的内涵

国际礼仪通则是国际礼仪惯例的基本原则，它既是对国际礼仪的高度概括，也是在国际活动中所应遵循的基本准则和行为规范。

二、国际礼仪的特点

1. 国际礼仪强调个人至上

在国际交往中，人们普遍崇尚个性、尊重个性，反对损害个人尊严，要求尊重个人隐私，维护个人尊严。

2. 国际礼仪强调女士优先

强调在一切交际场所，不仅要讲男女平等，反对歧视，更要尊重女性、照顾女性、关心女性，有意识地为女性排忧解难。不尊重女性，就等于没有教养、不守礼仪。

3. 国际礼仪强调交际务实

在交际活动中，国际交往强调既要讲礼节、礼貌，又要实事求是，反对虚伪、造作，不提倡过分的客套，不认同过度的自谦、自贬，尤其是反对自轻、自贱。

三、国际礼仪的基本原则

1. 遵守最基本的共同生活准则

遵守公共秩序、讲究社会公德、文明礼貌、尊重他人，不给别人造成麻烦和不便，不随意指责别人。例如在图书馆、博物馆、医院、教堂等公共场所，还有举行仪式、听演讲、看演出的时候，都应保持安静。

2. 守信守时

守约遵时在国际交往中是极为重要的礼貌，参加各种活动应按约定时间到达，过早抵达，会使主人因未完成准备而难堪；迟迟不到，则会因让主人和其他客人等候过久而失礼。如果由于难以预料的因素导致失约，务必提前通知对方，解释原因，并向对方致歉，切不可避而不谈。失约和超时都是很不礼貌的行为，承诺别人的事情不能遗忘，必须讲信用。

3. 入乡随俗

孔子曾说过“过境问俗”，与不同国家、不同文化的人交往，必须事先了解其礼仪、习俗，尊重对方的风俗习惯与礼节。由于不同国家的社会制度差异、文化习俗有别，思维方式与理解角度往往差别较大。因此在国际交往中，应事先了解对方的礼俗，在交往中相互尊重，即便是很熟悉的朋友，也应该注意基本礼仪。

4. 不卑不亢

在国际交往中，人与人、国与国之间应该是平等的关系。国际礼仪中不卑不亢的原则最重要的就是保持人格平等。因为“卑”和“亢”都是置对方或者自己于不平等位置上的态度。“卑”有损自身人格甚至国格；“亢”则显得虚张声势，也有可能会伤到对方的自尊。

因此在国际交往中，待人不仅要热情友好，更重要的是要把握分寸，同时也要随时注意自己的言行举止，做到关心有度、距离有度。

5. 女士优先

女士优先是国际礼仪中很重要的一个原则。女士优先要求男士在任何场合、任何情况下，都要在行动上从各个方面尊重、照顾、保护女性。在社交场合遵从女士第一的原则，可以显示男子气质与绅士风度。虽然有部分国家仍然讲“男尊女卑”，但是女性在国际上的地位已经得到了充分的重视。

6. 以右为尊

在涉外活动中，为了表示对客人的尊重，主人应主动居左，请客人居右，如在握手礼仪中也是使用右手。在国际交往中遵循“以右为尊”的原则，可以更易处理座次排位问题。

7. 尊重隐私

在国际交往中，尊重隐私也是重要的礼仪规范。首先不能侵犯属于他人的个人空间与领域；其次交谈时应回避涉及个人隐私的话题，包括收入支出、年龄、恋爱婚姻、身体状况、家庭住址、个人经历、宗教信仰等。这些都属于个人隐私问题，在交谈过程中一定要注意。

思考与练习

请结合国际礼仪的基本原则思考，在跟国际友人第一次见面时有哪些需要注意的问题？应该如何选择交谈的话题？

任务二　常见国家礼俗

世界各地有着不同文化背景的人们之间常常要进行各种交际活动，双方因为文化背景、习惯与思维的不同以及风俗礼仪的差异，容易在交往过程中引发误会，更严重者甚至还可能引起冲突。因此，学习和了解各个交往国家的礼俗就尤为重要。

一、亚洲国家礼俗

亚洲是世界上最大的洲，现有 48 个国家，也是世界文明古国中国、印度、巴比伦的所在地，也是佛教、伊斯兰教、基督教的发源地，对世界文化的发展有着重大的影响。

1. 印度

印度全称印度共和国，面积 298 万平方千米，主要宗教信仰有印度教、伊斯兰教等，官方语言为英语和印度语。

许多印度食物是直接用手抓食的，所以在吃饭前，会要求洗手，并且就餐的顺序也很有讲究，首先是主宾，其次是男士，最后是小孩。

在印度忌讳用左手传递东西或者食物，也不能随意用手抚摸小孩的头。由于宗教信仰的原因，很多印度人是素食主义者，并且绝大部分印度人不吃牛肉。在印度餐厅要求吃牛肉会被视作对当地人信仰的一种侮辱。

2. 日本和韩国

日本位于亚洲东部，是太平洋西岸的一个岛国，官方语言是日语。韩国位于亚洲东部的朝鲜半岛南部，三面环海，与日本隔海相望，其官方语言是韩语。

日本是一个注重礼仪的国家，见面时多以鞠躬为礼，对尊长鞠躬还要等对方抬头之后自己才能抬头。在日本，长时间直视女士的眼睛也会被认为是非常不礼貌的。

韩国受儒家传统思想的影响，家庭是韩国人日常生活的核心。韩国人见面也是以鞠躬为主，或者先鞠躬后握手。如果是鞠躬，则由位卑者先施礼；如果是相互握手，则由位尊者先伸手。

日本和韩国用餐时都使用筷子，并且有很多当地食物都讲究精致的摆盘和追求食物原本的味道。如日本的刺身、韩国的泡菜、活章鱼等，都是没有经过加热烹煮的食物。

二、非洲国家礼俗

非洲 3/4 的土地受到太阳的垂直照射，其中一半以上地区终年炎热。非洲现有 53 个国家，面积仅次于亚洲，为世界第二大洲，人口也仅次于亚洲，居世界第二位。非洲地域辽阔，民族众多，文化礼仪也千姿百态。

1. 埃及

埃及的主要民族是阿拉伯民族，官方语言为阿拉伯语，通用英语和法语。古埃及是世界四大文明古国之一。

埃及的传统服装是阿拉伯大袍，在农村不论男女仍然以穿大袍者居多。埃及人与朋友见面时，通常称呼对方为阿凡提，以前这种称呼只限于王室，现在已经广泛应用，代表“先生”的意思。埃及人习惯以握手为礼，也有贴面礼，但是贴面礼一般只有亲朋好友之间才会使用。埃及人在会面中也会多次的重复问候、不厌其烦。

主食一般为米饭和面包，荤菜有牛肉、羊肉、鸡肉、鸭肉等。埃及人在用餐时避免交谈，否则会被认为是对神的亵渎。通常在就餐前，当地人也会说：以大慈大悲真主的名义。说完之后才开始正式用餐。

在埃及的斋月期间，不能在当地人面前大口吃喝或者吸烟，否则会被认为是一种非常不尊敬的行为。

2. 南非

南非，位于非洲大陆最南端，官方语言有 11 种。南非比较特殊的地方在于它有 3 个首都，行政首都比勒陀利亚，立法首都开普敦，司法首都布隆方丹。

南非是一个非常多元化的国家，除了家庭之外，部落也是非常重要的社会单元，因为每一个部落都相当于一个民族。然而随着社会经济的发展，部落和核心家庭的社会结构模式越来越多地受到了国家经济重组的冲击。

在社交场合，南非人普遍采用的是握手礼，握手的力度一定能要够大，用力的程度跟对方的友好程度呈正比，握手力度太小对方会认为你虚情假意，毫无诚心。南非流行的打招呼方式是举起右手，手掌向着对方。原本这样的目的是向对方表示“我手里没有武器”，但是这个习俗慢慢被沿用至今。

南非很多当地人痛恨拍照，因此不要轻易举起相机或者手机拍照，包括人、房屋、家畜都不能擅自拍摄。如果确实想要拍照，一定要先获得对方的同意之后再进行，否则会被认为是非常无礼的行为。如果在南非收到鸵鸟毛或者孔雀毛这样的礼物，客人最得体的做法是将这些珍贵的羽毛插在自己的头发上或者帽子上，从而表示对对方的感谢。

三、欧美国家礼俗

欧洲现有 44 个国家，是人口密度最大的一个洲。美洲是南美洲和北美洲的合称，又被称作“新大陆”，现有 35 个国家。

1. 法国

法国是欧洲国土面积第三大的国家，同时也是一个高度发达的国家，欧洲四大经济体之一，还是欧盟和北约的创始会员国。

法国是一个浪漫的国度，法国人大多爱好交际，并且善于交际，诙谐幽默，渴望自由。并且作为世界三大烹饪王国之一，法国的美食也享负盛名。在餐饮礼仪上也有非常多的讲究。客人应按照主人排定的座次就座，等女主人说“请用餐”之后才可以开始进餐。使用刀叉时，要一直保持左手持叉、右手持刀的方式；用餐期间切忌将手肘撑在桌子上；用餐结束之后刀叉的摆放位置也有不同的含义。

法国人在社交场合喜欢用握手礼，亲密的朋友和家人之间也流行吻面礼。在一定的社会阶层中，吻手礼也颇为流行。但是在施吻手礼时，嘴唇不应接触到女士的手，也不能吻戴手套的手，更不能亲吻少女的手。

法国人对赠送礼物十分看重，同时又特别讲究。例如男士一般不向女士赠送香水，除非关系特别亲密，否则会显得过于亲热或者轻浮。女士收到礼物后，一般要当面拆开表示重视，否则会被认为是一种无礼的表现。

大多数法国人忌讳黄色与墨绿色，并且不喜欢数字 13 和星期五，在交谈时喜欢选择历史、艺术等话题，以显示身份和品位。并且认为称呼老年妇女为“老太太”是一种非常不礼貌的行为。

2. 英国

英国的主要宗教是基督教，官方语言为英语。英国由英格兰、苏格兰、威尔士、北爱尔兰四个地区组成，分别有着各自的历史和文化传统，因此不能简单地把“英国人”称作‘英格兰人”。

英国人非常注重自己的形象，讲究文明礼貌、注重修养，特别是出席宴会或者晚会的时候，习惯穿黑色礼服，衣裤也都需要烫得笔挺。英国人一般矜持庄重，并且非常拘礼，其真实情感只能从其言谈举止中的细节加以揣摩。

大部分英国人都喜欢喝茶，茶几乎可以称为英国的民族饮料。传统的英式红茶以锡兰红茶为主。除了早茶之外，还特别流行喝下午茶，包括吃茶点、喝茶或咖啡。英国人在喝茶时习惯配上小饼干、蛋糕、三明治等点心。

英国人忌讳墨绿色和黑猫，认为黑猫是不祥之物。在英国与人交谈要注意避免谈及个人隐私、政治、宗教、王室等较为敏感的话题。英国人非常忌讳“13”这个数字，如果某月的13日恰好又是星期五的话，则会被认为是双倍的不吉利。

3. 美国

美国由50个州和海外领土组成，是一个高度发达的国家，特别是高等教育水平、科研技术水平、航天技术水平等均领衔全球。美国的首都在华盛顿，官方语言是英语，其主要宗教是基督教和天主教。

众所周知，美国是一个移民国家，也是世界各文化的“大熔炉”，因此大部分美国人不拘小节，容易接近，喜欢幽默，好交朋友，讲究实效，不愿意搞形式主义。美国作家本杰明·富兰克林曾经说过“时间就是金钱”，所以美国人把时间观念看成个人品格的重要组成部分，认为一个人只有遵守时间，才值得信赖。

美国的家庭通常是以核心家庭为主，如父母亲加上自己的未成年小孩。一旦儿女长大成人，成家立业之后，就会另外组成一个核心家庭。这也意味着，即便是父母与子女，也往往是异地分居，甚至相隔甚远。

在社交场合上，美国人见面时一般以握手为礼，握手时力度要大，而且目光要正视对方，保持微笑。如果是异性之间握手，则讲究“女士优先”，如果双方有尊卑之分，则是尊者优先。

美国人在称呼方面比较随意，平常都喜欢直接以名字相称，不加姓或者“先生、小姐、太太”等泛尊称。不仅朋友之间如此，很多亲戚、邻居、同学、同事之间也会如此。不过对于年长的老人和公司的上级等，有时会加上泛尊称或者行政职务。

在美国非常流行给小费，无论是坐出租车、到餐厅吃饭或机场酒店服务员代提行李，都需要给小费。给多给少通常取决于对其提供服务的满意程度，但是尽量不要用硬币来给小费，否则会让对方觉得你是看不起他，同时也是对他提供的服务不满意。

美国还是一个高度重视个人隐私的国家，在交谈时尽量不要过多地打听对方的年龄、收入、婚恋等。并且一定要尊重别人，特别是对于女性、黑人、残疾人或者有文身的人，一定要平等并且公平地去对待。千万不能用带有歧视的眼光去打量或者长时间盯着对方，这是一种非常不礼貌的行为。

思考与练习

1. 你被安排去接待一个来自日本的商务参观团队，应该做哪些准备工作呢？在接待时需要注意什么问题？

2. 一位法国同事邀请你去他家里吃晚餐，你需要提前准备些什么？在用餐的时候应该注意什么？

项目七课后作业

参考文献

[1] 姚虹华，郝建萍. 服务礼仪[M]. 北京：科学出版社，2013.

[2] 陈玲. 商务礼仪[M]. 北京：清华大学出版社，2018.

[3] 周国宝，王环，张慎霞. 现代国际礼仪[M]. 北京：北京师范大学出版社，2018.

[4] 于莉，韩秀玉，马丽群. 空乘职业形象塑造[M]. 北京：化学工业出版社，2019.

[5] 王淑华，孙岚. 服务礼仪[M]. 北京：首都经济贸易大学出版社，2019.